## 1

### 頭部

小船靜靜在
頭部裡擺盪。

想像沉重的頭部
正漂浮在「上方」

## 2

### 脊椎

如鎖鏈般擺盪。

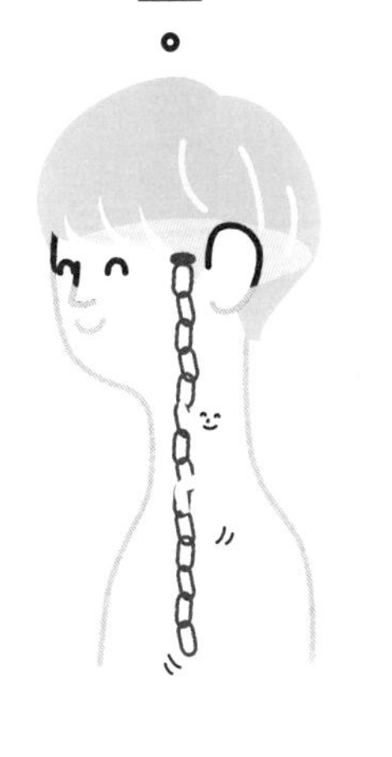

想像脊椎邊搖晃
邊「往下」垂墜著

## 3

### 睛

眼球總是在

是被一股力量
要解放眼球了

## 8

### 骨

紅酒杯的底部，
總是靜靜地搖晃著。

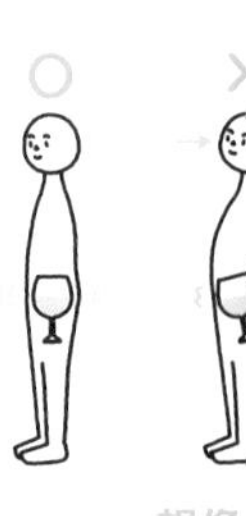

想像
隨著動作

## 9

### 雙腿

沙漏的沙子
沿著腿部筆直落下。

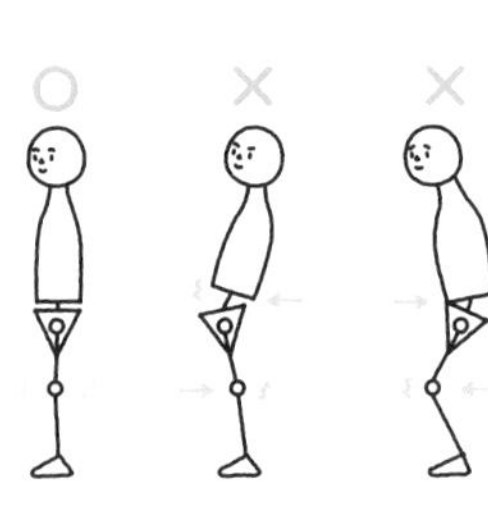


想像小腿放鬆地
朝下筆直垂落

## 10

### 全身

藉吐氣鬆開身體，
藉吸氣拉直脊椎。
（請用這種感覺反覆呼吸數次）

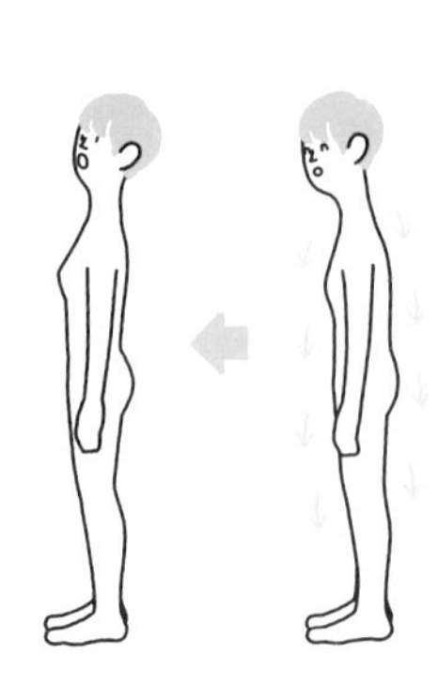

放任全身
隨著呼吸擺動

6

## 胸廓（肺部）

胸腔與背部擴散開來，讓呼吸如漣漪般運行。

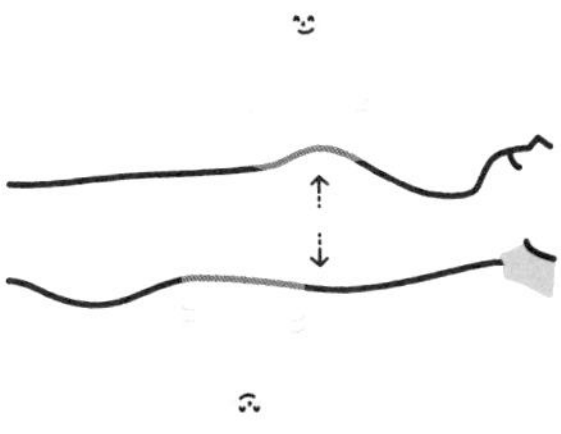

○ ✕

想像藉由呼吸，使胸廓不斷展開

7

## 體幹

全身化為瀑布，活力十足的鯉魚由下躍上。

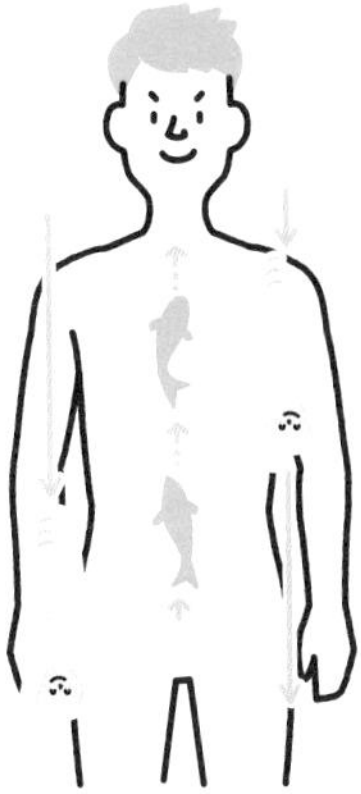

○ ✕

放心將全身交給重力

8

## 盆

骨盆就是

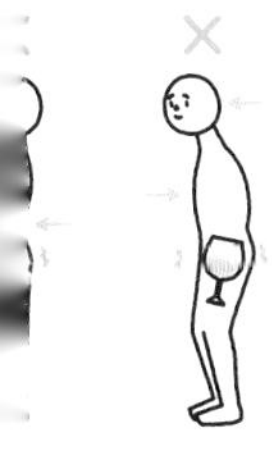

✕

骨盆
靈活運動

3

眼

水上漂浮著。

想像眼球總

往內拉，現在

4

## 口腔

血液行經牙齦，舌頭就像麻糬一樣柔軟飽滿。

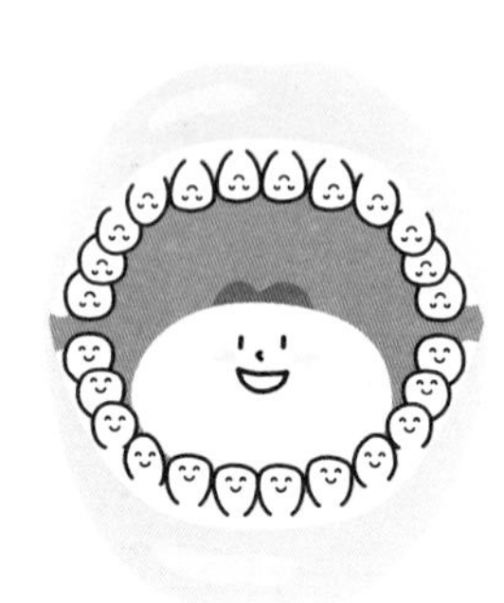

想像口腔內部
逐漸擴散開來並解放

5

## 頸部

雙肩如同阿爾卑斯山上的冰雪在春天融解般逐漸散開。

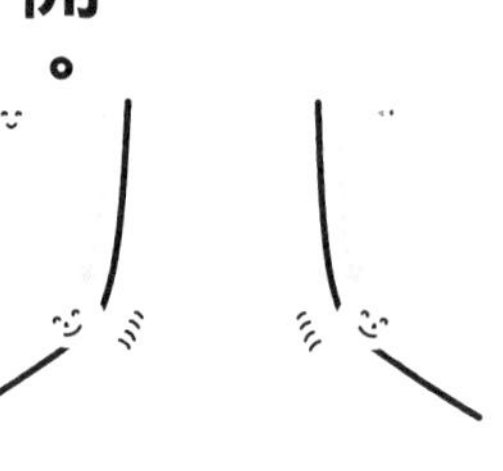

想像肩、胸與背往外展開，
解放了頸部

# 10魔法語句，1分鐘使姿勢變更美！

魔法のフレーズをとなえるだけで姿勢がよくなるすごい本

大橋SHIN／著

# 專家誠摯推薦

多年來，我與其他骨科醫師都深感棘手的案例，
都在大橋醫師的指導下不斷改善。
這樣的大橋醫師簡直就是「特種物理治療師」。
我轉了好幾位有姿勢或其他困擾的患者過去，
結果每個人都得到了判若兩人的改善效果，總是令我驚訝萬分。
本書就將揭曉箇中機密。
想必日後任誰都能夠獲得
「優美」、「不易累」、「好行動」的理想姿勢吧？

市橋診所院長
市橋 研一

最推薦的是魔法語句 4

透過武道的指導經驗，
我理應最明白一句話能夠對動作產生多麼大的影響，
然而透過話語，
讓身體從內而外改變的技術，
我卻是透過本書才習得。

合氣道凱風館教練

內田樹

最推薦的是魔法語句 2

每個人的身體就像時尚一樣各有特色，
所以我認為治療也得量身打造才行。
沒想到這些簡單的話語，
卻如魔法一般對大眾都適用，
讓我感到新鮮又驚豔。

時裝設計師

HIROKO KOSHINO

最推薦的是魔法語句 2

不需要運動或鍛鍊等「努力」，
瞬間就能夠改變姿勢的，
正是本書所謂的「魔法語句」。

本書介紹的魔法語句總共分為十種。
我們將透過語句帶來的「想像」與「感官體驗」，
一一緩解身體容易緊繃的部位。

身體愈是放鬆，
脊椎與體幹就愈能自然挺直，
進而為我們撐起全身。

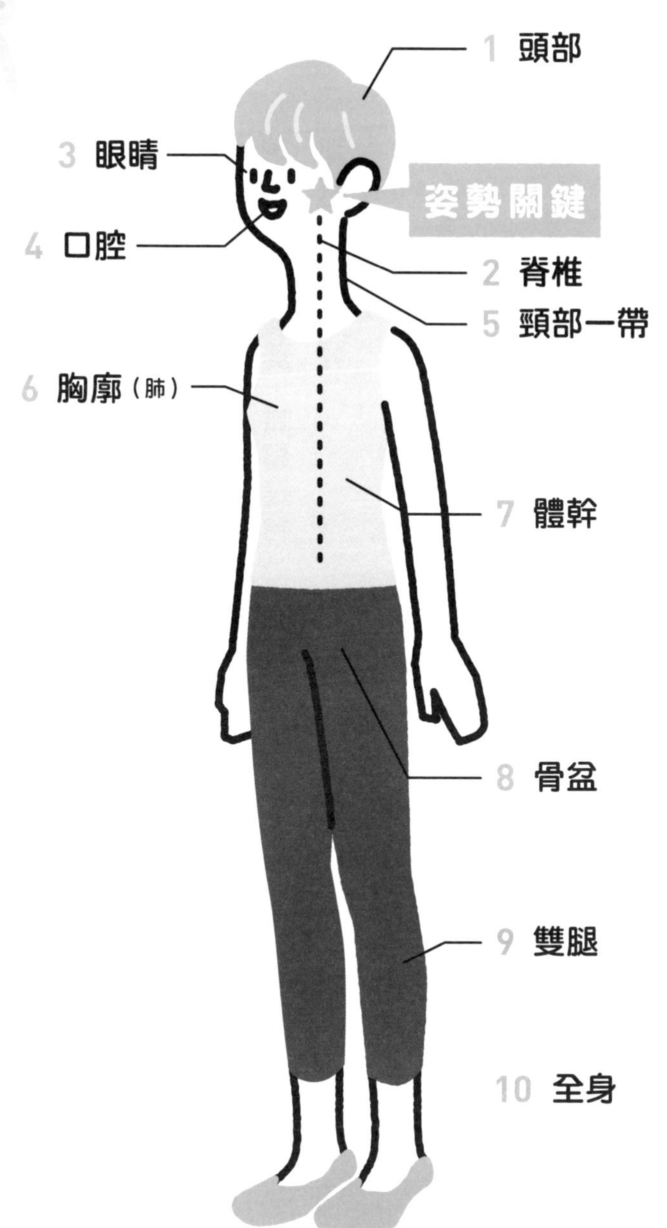
1 頭部
3 眼睛
姿勢關鍵
4 口腔
2 脊椎
5 頸部一帶
6 胸廓（肺）
7 體幹
8 骨盆
9 雙腿
10 全身

不會壓迫到任何地方，也不必特別出力。
所以自然而然能成為
「優美」、「不易累」、「好行動」的理想姿勢。

想讓姿勢變優美，其實是有禁忌的。
那就是不可以努力。

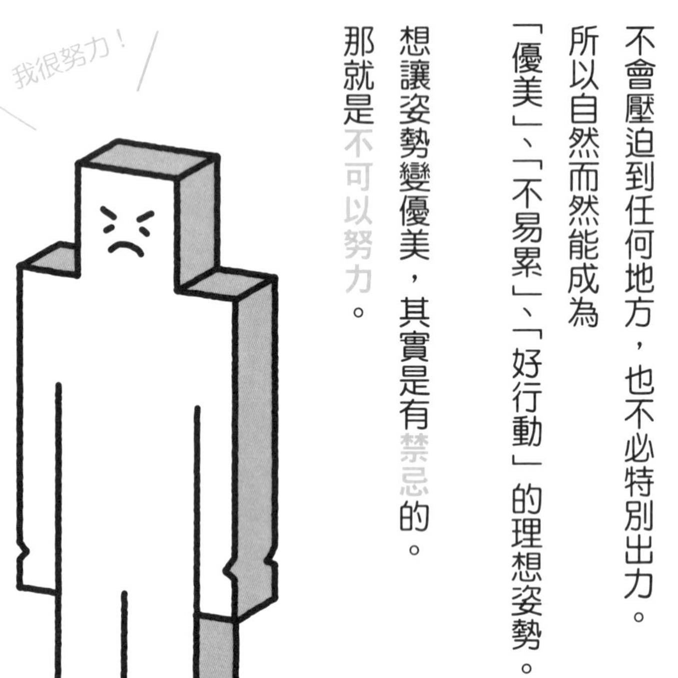

因為，「努力」反而會讓身體變僵硬。

也就是說，

「立正站好」這類姿勢要使全身肌肉緊繃，

其實非常辛苦，一下子就累了。

結果很快就會又恢復成「一如往常的駝背」。

但是，「魔法語句」不需要努力、不需要謹慎以對，

什麼事情都不用做，只要輕鬆「唸出來」就好了。

隨興簡單地令人訝異。

詳情會在後面進一步介紹，總之，

正因為隨興簡單，所以更能夠讓身體在自然「放鬆」的情況下，

讓骨骼「確實」支撐身體，演變成理想的姿勢。

「魔法語句」非常適合怕麻煩的人。

如果您總是不知不覺就開始努力，或許這能夠

幫助您將人生態度切換成「別太努力」、「不會太累」的模式。

真正優美的姿勢，唯有不努力才辦得到。

歡迎前往不需要努力的嶄新世界吧！

# 前言

本書是只要唸出魔法語句，就能夠改善姿勢的書。

不僅止於改善姿勢，同時還能夠從苦惱的身心緊繃中解放，讓每天的生活輕鬆舒適到令人驚訝的程度。

想要改善姿勢，就必須先正確認知「造成姿勢不佳」的原因。雖說原因五花八門，但是我的答案只有一個。

那就是——我們在不知不覺間緊繃著身心，導致全身僵硬所致。

世界上沒有從嬰兒時期就姿勢不佳的人，對吧？

因為身邊所有人都會照顧自己，無論發生什麼討厭的事情，只要一哭就會有人幫忙處理好。所以沒必要身心緊繃，換句話說就是非常幸福。

但是，長大之後就必須踏入幼稚園、小學之類的「社會」。

上了國高中後，人際關係的煩惱倍增；進一步長大成人後，還得扛起職場與家庭上應負的責任。

發生討厭的事情、面臨擔心的事情，或是肩負壓力時，我們再也不能像嬰兒時期般放聲哭喊，光是想逃離困境或是拋下責任都相當困難了。

這種情況下，會發生什麼事呢？

我們會使盡吃奶的力氣，努力撐過眼前的難關。

這種渾身用力的緊繃狀態，必須維持多達數十年之久。

身心的緊繃會逐漸導致身體變形，各處肌肉都變得僵硬結塊，最終就演變成「姿勢不佳」了。

偏偏，姿勢不佳還很容易引來旁人的提醒。

「腰桿打直！」

「打起精神！」

這種話我也曾聽過無數次，甚至一路努力過來。

然而，這種作法並不適合我，無論多麼努力，我頂多只能抬頭挺胸十分鐘左右，很快就因為累了而變回不好看的姿勢。

甚至還會產生反效果，讓姿勢變得更差，完全陷入惡性循環。

失敗的原因是什麼呢？

答案很簡單，那就是原本就因為身心緊繃而姿勢不佳，後來又為了打造「良好姿勢」而更加緊張所致。

如此一來，當然只會得到反效果。

這情況下「良好姿勢」，即使看起來「很有精神」，卻缺乏「柔軟性」。

所以我敢斷定，想要藉由「良好姿勢」獲得健康幸福的人生，「柔軟性」是不可或缺的。

也就是說，我們必須兼顧「柔軟性」與「有精神」才行，唯有雙方兼具才能稱得上是「優美的姿勢」。

但是父母或學校要求的，往往只有「有精神」而已。

坊間有許多改善姿勢或駝背的書籍。

其中一類書籍會建議「鍛鍊身體」，確實，身體必須仰賴肌肉的支撐，才能夠保有良好的姿勢，所以這麼做當然沒有錯。但是**完全忽視讓身體「放鬆」這個觀點時，就會釀成反效果。**

因此在鍛鍊身體之前必須先「放鬆」才行，如此一來，脊椎與體幹自然會伸直並「確實」支撐住身體。

繼續探討這個話題之前，請容我介紹自己的經歷。

我是亞歷山大技巧的指導講師，同時也是

## 「放鬆」身體，姿勢就會「確實」！

神采奕奕

將其運用在臨床治療上並獲得實際效果的物理治療師。

所謂的亞歷山大技巧，簡單來說就是「增加生活品質的身心應對法」。這邊要先告訴各位：這是種「減法理論」，會幫助各位放下「沒有意圖卻不知不覺做出的事情」。

目前已知，保羅·麥卡尼、史汀、基努·李維、松任谷由實等名人，也是這種理論的實踐者。

日本還很少人聽過的亞歷山大技巧，在歐美的普及程度已經達到納入大學課程，更是廣泛運用在醫療與藝術等領域中。

亞歷山大技巧！

我自己就是在德國留學期間，接觸了亞歷山大技巧的課程，迅速解決背部疼痛的困擾，進而產生興趣。因此回國後經過一番學習，取得了國際認證的亞歷山大講師資格。

由於我同時擁有物理治療師的執照，自然就考慮將其運用在患者的復健上。

我一開始是在大阪專收急診病患的醫院服務，後來復健成績獲得神戶某家診所肯定，便應邀約於該診所擔任了八年的物理治療師。

可是，我在這間診所負責的部分，比一般物理治療師還要特殊。

簡單來說，就像是執行特殊任務的特種部隊般，我是專治棘手患者的「特種物理治療師」。

診所為我提供專門的診間，並將患有疑難雜症的病患交到我手上。

我經手的患者當中，有些人腰痛嚴重到連大學醫院都投降，有些人長年來飽受原因不明的不適之苦。

此外，也有些人併發憂鬱症，有些人因為車禍後頸部留下後遺症而正在打官司。每個人的情況都錯綜複雜，光憑一般的治療無法改善，只能輾轉於各大醫療機構。

也就是說，我負責治療的正是這種「其他醫院都束手無策的病患」。後來「那間診所可以搞定各種疑難雜症」的口碑似乎流傳開來，讓診所一年四季都人滿為患。

而這些身懷難治之症的病患，都有一個共通點。

沒錯，就是姿勢不佳。

姿勢不佳會導致身體負擔的重量失衡，進而壓迫到內臟、神經與血管，結果演變成各式各樣的症狀。

相信本書的讀者當中，很多人平常就苦於肩膀僵硬、脖子痛、頭痛、眼睛疲勞、倦怠或腰痛等問題吧？或許也有人正陷於呼吸太快、心悸、呼吸不順、胸悶、手部發麻、失眠、體溫偏低、水腫、血液循環不良、浮躁、情緒低沉、便祕或腸胃不適等問題。

如果說這些幾乎都是「姿勢造成的」，各位會怎麼想呢？

或許有人一下子很難接受吧？

我接觸到的復健患者中，有許多因為駝背而造成慢性不適，結果演變成憂鬱症的人；也有駝背壓迫到內臟，導致呼吸系統或循環系統疾病的人。

反過來說，只要改善姿勢，就能夠同步改善形形色色的症狀。

如前所述，姿勢會變差是因為身心緊繃造成身體僵硬所致。

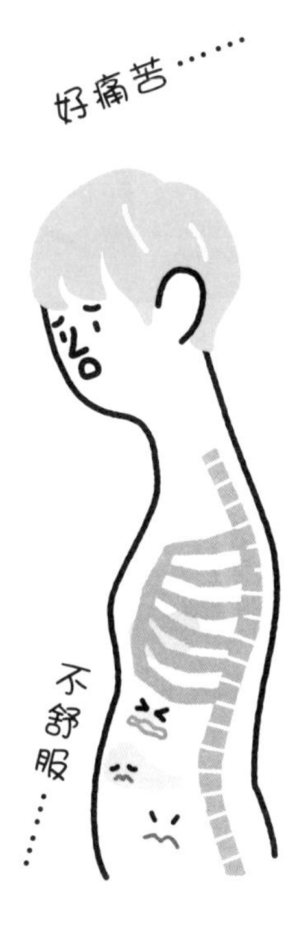

這種狀態維持數十年的話，就會如同用鎖鏈緊緊纏住身體各部位並且上鎖一樣，頭部、脊椎、眼睛、口腔、頸部、胸廓、體幹、骨盆、雙腿……都難以動彈。

這種「鎖緊的狀態」是無法憑努力解開的，畢竟努力本身就會將身心推往更僵硬的方向，反而會鎖得更加牢固。

而我所提倡的「魔法語句」，就有助於解開這種緊繃造成的鎖緊狀態。

這時要走的路線與「努力」完全相反。

唸出魔法語句，可以使具體畫面在腦中成形，這種具體畫面有助於憑感覺「慢慢解開

用魔法語句解鎖！

糾結的身體各處」；而隨著緊繃的身體逐漸放鬆，當然也能夠打從身體內側解開束縛，並藉此獲得「放鬆」且「有精神」的良好姿勢。

魔法語句有三大理論核心。

除了前面提到的「亞歷山大技巧」外，還有西洋醫學的「物理治療」，以及我在學習太極拳的過程中逐漸體會到的「呼吸」。

我以這三者為基礎開發出的「魔法語句」，是歷經二十年臨床經驗與反覆摸索所淬煉出的精華，能夠真正地「解開束縛，實現放鬆」，因此我對其功效具有絕對的自信。

我現在已經出來創業，開設專門提供一對一教學或是個人取向的講座，接觸到了許多「想改善姿勢」、「想改善駝背」的人。

或許看起來很像自賣自誇，但是只要參加過我的課程，大多數的人都能夠從姿勢方面的困擾中解脫，其中甚至有只參加過一堂課，駝背就立刻消失的人。

但是並非每個人都能夠親自來神戶上課。

因此我便決定將具速效性的魔法語句彙整成冊，讓苦於姿勢不佳或身心緊繃的大眾都能夠在自宅執行。

不需要「努力」、「忍耐」、「奮鬥」或是「強大的意志力」，當然也不需要進行重訓般的運動。

不如該說，我認為努力導致各位姿勢不佳的可能性非常高。

要不要試著放棄努力呢？

如此一來，「放鬆」與「有精神」就得以共存，進而獲得兼具「優美」、「不易累」且「好行動」這三大條件的姿勢。

所以一起改變心態，讓未來的人生更加舒適充實吧！

## 改善率有94%？「魔法語句」的驚人威力！

我至今在臨床治療與個人講座上施展過多次魔法語句，親眼目睹了患者與客戶的劇烈變化。

由於患者與客戶在口耳相傳下絡繹不絕，我從未想過要化為具體的數據，直到這次才決定藉著出版驗證魔法語句的效果。

但是要判斷姿勢好壞其實出乎意料困難，不能光憑外觀決定。因此我先將良好姿勢定義為「身體中心線位在垂直直線上的姿勢」。

身體的中心線是由四點連接而成，分別是「A：耳孔（與寰枕關節同高）」、「B：肩膀兩端（與第二胸椎椎體同高）」、「C：髖關節」、「D：外腳踝」。

「直線AB與BC交會處的角度b」與「直線BC與CD交會處的角度c」合計數值愈小，姿勢就愈正確，數值愈大就愈不好。

After

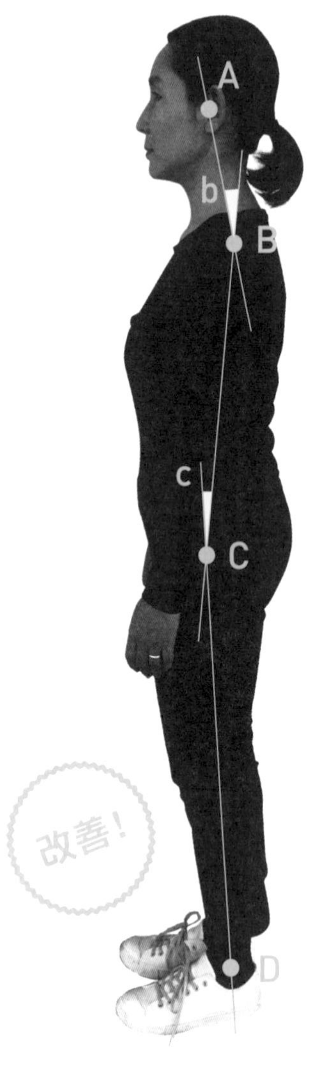


b角度18.6°＋c角度8.4°＝
27.0

Before

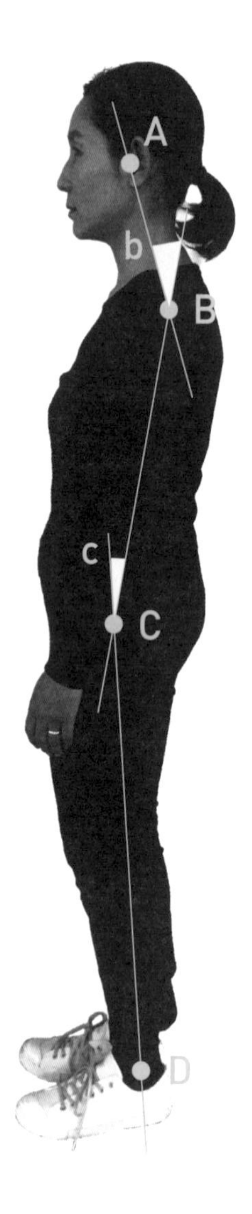


b角度25.6°＋c角度14.2°＝
39.8

## 連接身體中心線的4點

Ⓐ **耳孔（寰枕關節處）**

Ⓑ **肩膀兩端（第二胸椎椎體處）**

在肩峰與袖子交接處畫出水平線後，找到正中央

Ⓒ **髖關節**

在臀部最凸出處畫出水平線後，找到水平線正中央靠前的位置

Ⓓ **外腳踝**

## 測量的方式

1. **從正側邊拍照**
2. **標出A～D的位置後，用直線相連**
3. **計算「直線AB與BC交會處的角度b」與「直線BC與CD交會處的角度c」的合計數值**
4. **比較施展魔法語句前後的數值**

※本書使用的調查工具是數位量角器。

這種測量法的好處在於強行挺胸或凹背想矯正姿勢時，得出的分數都會反而變差。也就是說，光是做出「確實」的姿勢是拿不到好分數的，必須兼顧「放鬆」才稱得上是真正良好的姿勢。

這裡指的「良好姿勢」，是骨骼均位在垂直線上，讓骨骼自然而然撐起身體的姿勢。由於不必靠大塊肌肉固定身體，所以除了「優美」外還能兼顧「輕鬆」與「好行動」也是一大特徵。

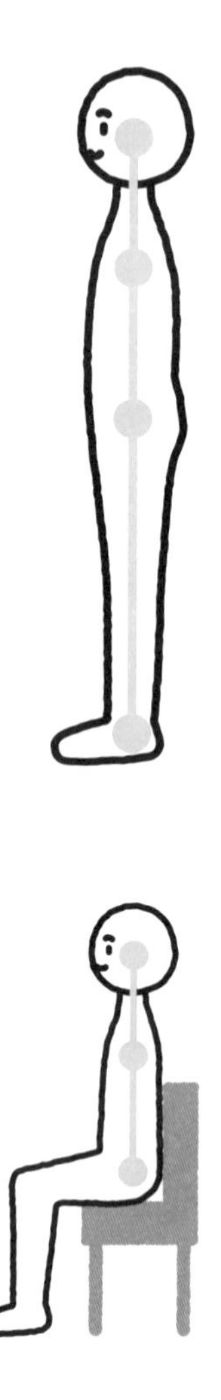

我請接受測試者唸出魔法語句，只要數值有減少就代表有效，結果十六個人當中有十五個人成功改善了，改善機率高達約九四％。

## 「魔法語句」施展效果的結果

| | 年齡性別 | 施展前 | 施展後 | 變化 |
|---|---|---|---|---|
| A | 40多歲女性 | 38(20+18) | 29(16+13) | ○ |
| B | 60多歲女性 | 43(25+18) | 40(24+16) | ○ |
| C | 60多歲女性 | 41.5(25.5+16) | 36.5(22+14.5) | ○ |
| D | 50多歲女性 | 63(40+23) | 50(29+21) | ○ |
| E | 70多歲女性 | 48.5(30+18.5) | 40.5(26+14.5) | ○ |
| F | 50多歲女性 | 52.5(34.5+18) | 50(30+20) | ○ |
| G | 70多歲女性 | 48.5(33.5+15) | 53(35+18) | × |
| H | 30多歲女性 | 47(30+17) | 44(28+16) | ○ |
| I | 50多歲女性 | 14.5(11.5+3) | 8(3+5) | ○ |
| J | 50多歲女性 | 36(23.5+12.5) | 21(10+11) | ○ |
| K | 40多歲女性 | 40.5(26.5+14) | 31.5(16.5+15) | ○ |
| L | 50多歲女性 | 36.5(24+12.5) | 28.5(15.5+13) | ○ |
| M | 40多歲女性 | 38(24+14) | 26.5(15+11.5) | ○ |
| N | 30多歲女性 | 34.5(18.5+16) | 27.5(14+13.5) | ○ |
| O | 50多歲女性 | 39.5(22.5+17) | 26.5(15+11.5) | ○ |
| P | 30多歲女性 | 50.5(35+15.5) | 33.5(20+13.5) | ○ |
| 16人中有15人成功改善姿勢（約94%）！ | | | | |

「約九四%的人獲得改善」這個結果，和我實際的感受相當接近——確實大部分的人都出現好的發展。然而，有人沒能改善，卻也是不可否認的事實。

我認為或許是這些人不知不覺間仍努力想要改善姿勢所致。

想要體驗魔法語句的效果，就必須先理解「別再用力，讓身體放鬆，骨骼自然就會確實支撐姿勢」這個大原則。

可是這次安排的調查時間有限，所以或許是我沒能在這麼短的時間內，協助對方釐清思緒所造成。

由此可知，透過閱讀本書學習魔法語句其實是相當有利的狀況。

本書將魔法語句的基本思維彙整成完整的系統，刻意設計成只要照順序閱讀，就能夠自然獲得「優美」、「不易累」、「好行動」的理想姿勢。

這邊想請各位特別留意的，是各大魔法語句搭配的可愛插圖。

從視覺方面理解有助於緩解緊張，徹底引導出舒適的體驗與想像，使魔法語句的效果倍增。

10個魔法語句，1分鐘使姿勢變更美！ 目錄



第1章

# 真正的「良好姿勢」是放鬆讓骨骼支撐身體

## 第3章 改變人生的神奇魔法語句使用指引

第4章

# 解決百般困擾：令人開心的健康與美容效果

## 避免身體緊繃的不努力生存法

第1章

# 真正的「良好姿勢」是放鬆讓骨骼支撐身體

## 良好姿勢的三大條件是

## 「優美」、「不易累」與「好行動」

本書的書名是《10個魔法語句，1分鐘使姿勢變更美》，各位想必是期望改善姿勢才會閱讀本書吧？

容我冒昧提問，若請各位舉一位「姿勢優美的名人」，各位會想到誰呢？由於日本人普遍有姿勢不佳的問題，所以恐怕很難立即聯想到吧？

但是日本人當中，其實也有公認姿勢優美的人。

那就是花式滑冰金牌得主——羽生結弦選手。

請各位回想羽生選手華麗的滑冰身影，以及站在頒獎台上的模樣吧。

這邊請特別留意他的站姿。

優美！
不易累！
好行動！

除了看起來相當優美外，也散發出隨時保持身體運作靈活，無論遇到任何狀況都能夠機警反應的氣場。

真正良好的姿勢可不能只有「優美」，必須兼具「優美」、「不易累」與「好行動」才行。而羽生選手的站姿就完美達成了這些條件。

這邊特別想強調的是「不易累」與「好行動」這兩項。

各位是否注意到羽生選手雖然是個運動選手，身體卻不會過度施力，站姿看起來相當輕鬆，似乎很自然地鬆開了身體的力量呢？

這是因為他的姿勢不太仰賴身體外側的外層肌肉（outer muscle），而是藉由背脊與體幹，也就是所謂的深層肌肉（inner muscle）支撐身體。因此身體會從最內側開始站直，如此一來，不必施加多餘的力量也可以維持漂亮站姿。

這麼做會使身體從頭到尾的荷重相當均衡，幾乎不會對肩膀、腰部與膝蓋等身體各處的關節或肌肉造成負擔。

這種姿勢不會令人覺得沉重或造成壓力，渾身動作靈活得猶如「羽毛生出」般。

## 無意識的肌肉緊繃會破壞姿勢

令人哀傷的是，現實生活中的我們距「優美」、「不易累」且「好行動」的姿勢還相當遙遠。

然而駝背等姿勢問題並非與生俱來的，我們在嬰兒時期與孩童時期不必多做什麼，就會表現出筆直且自然的姿勢。

為什麼姿勢會隨著年紀增長而變差呢？

最主要的因素就是無意識的肌肉緊繃。

任誰都會受到自己沒有注意到的身體習慣影響，造成特定肌肉緊繃。結果即使坐在沙發上休息，腰部與背部肌肉仍往往維持緊繃的狀態。

有時造成肌肉緊繃的原因則屬於心靈層面。

舉例來說，從小受到父親嚴格管教的人，出社會後一旦遇到「與父親同類型的人」，渾身肌肉就會在不由自主緊繃起來。

此外與異性說話時下意識的自我偽裝，或是與地位崇高者說話時會緊張得渾身僵硬等狀況也並不罕見，或許很多人看到這裡就覺得心有戚戚焉吧？

為什麼肌肉會在不知不覺間變得緊繃呢？

因為我們感受到焦慮或壓力時，會下意識抗拒這種不平穩的感覺，進而試圖撫平這份不安。

這時肌肉就會緊繃起來，試圖撐住自己的身體以維持平穩，儘管這麼做反而會使內心更加不平穩……。

這就如同在海中溺水一樣。

「糟糕，我好像溺水了！」意識到這件事情時，我們會慌張拍動四肢，結果反而使身體下沉且平白消耗體力，最終就真的溺水了。這種情況下愈是努力，事態就愈往壞的方向發展對吧？

但是如果我們放棄掙扎，放任身體在海上漂盪會如何呢？不再對抗潮流，藉此保有體力的話，就能夠提高平安獲救的機會。

羽生選手亦同，面對世界花式滑冰錦標賽或奧運等重要舞台時，也看得出放鬆以保留體力的模樣（我很希望有機會詢問本人）。

如各位所知，羽生選手面對攸關獎牌的關鍵比賽，也會像長出翅膀般在冰上飛舞。

說是這麼說，畢竟我們不是身經百戰的運動選手，面對重要時刻仍難免緊張。

那麼我們該怎麼改善這種緊張的壞習慣呢？

其實答案就是我的另一門專業——亞歷山大技巧。

亞歷山大技巧追求的目標是，藉由放下「沒有意圖卻不知不覺做出的事」，讓身心從肌肉緊繃中獲得解脫。

因此，若希望擁有「優美」、「不易累」、「好行動」的理想姿勢，就請改變思維，放下「錯誤的心態」。

具體來說，必須調整的心態為下列兩項：

- **愈是希望改善姿勢，就愈要放鬆**
- **覺得焦慮或是感受到壓力時，必須想辦法放鬆**

這兩項是否與各位平常執行的「完全相反」呢？

愈是關鍵時刻、愈是追求良好姿勢……

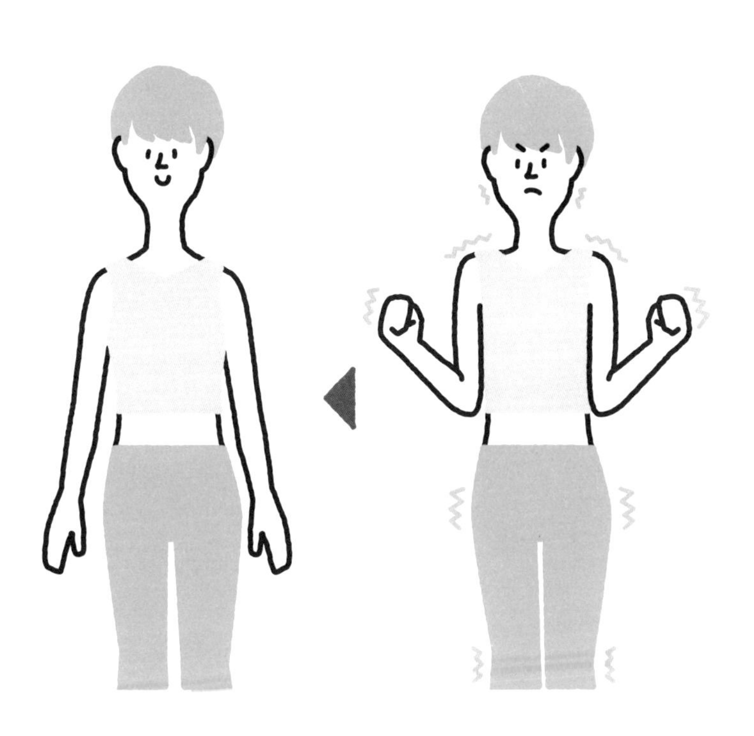

聽到「站好一點！」時會用力挺胸、遇到關鍵時刻會硬起身體。但是這邊必須鄭重強調，各位應該做的事情其實完全相反。

## 姿勢「放鬆」，骨骼自然站直

即使知道「放鬆」就好，實際上卻不知道該怎麼執行對吧？畢竟根本沒人教過放鬆的方法，這也是理所當然的。

結果努力想要「放鬆身體」，反而因為努力讓肌肉更加緊繃僵硬。

而這也是「放鬆」的困難之處。

但是沒問題，請不要擔心。我就是為了傳遞「放鬆」的答案才撰寫本書的。

答案就是「擺盪」。

擺盪，是隨時流動的狀態，與「固定在特定位置」完全相反。

也就是放任身體順應潮流，隨著波浪擺動，別再白費力氣。

如此一來，身體自然能夠從緊繃中解放，姿勢自然就會變好。

但是各位對「擺」與「盪」抱持著什麼樣的印象呢？

「內心擺盪不定」代表迷惘或是感到動搖，「支柱搖擺」代表房屋最重要的支柱出問題，相當危險。因此或許很多人聽到擺盪一詞時，很容易會產生「不安定」這類負面印象。

但是我的想法卻完全相反，我認為適度的擺盪，反而造就更加穩定的強固。

以人類的姿勢來說，處於適度的擺盪狀態，身體才能夠發揮真正的實力，從深處紮實地支撐住整個人。

這到底是怎麼回事呢？

請各位先想像抗力球，以利理解。

抗力球，也就是運動在用的那種很常見的大球。

坐在這種圓形的大球上，身體會微微地往各個方向擺盪。因為身體無法在晃動的狀態下，維持能夠繃起肌肉的姿勢，因此擺盪狀態下的身體當然不會緊繃著肌肉。

在無法繃緊肌肉的狀態下，身體會自然豎起深層肌肉，試圖用脊椎維持特定姿勢，以便在不穩定的狀態下取得平衡。

也就是說，當我們的身體處於適度的擺盪狀態時，就會自然呈現「用骨骼撐起身體」的姿勢。

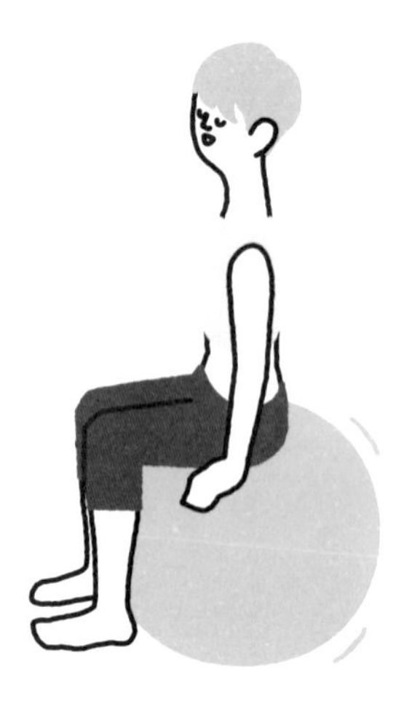

只要能夠用骨骼撐起身體，就不必再仰賴外層肌肉，如此一來，既不會感到疲憊，也不會壓迫到身體。

「優美」、「不易累」、「好行動」的姿勢一定伴隨著搖晃，也必須擁有能夠以骨骼之稱的「強健身體深處」。

理想的姿勢並不存在於「努力」或多餘的緊張當中。

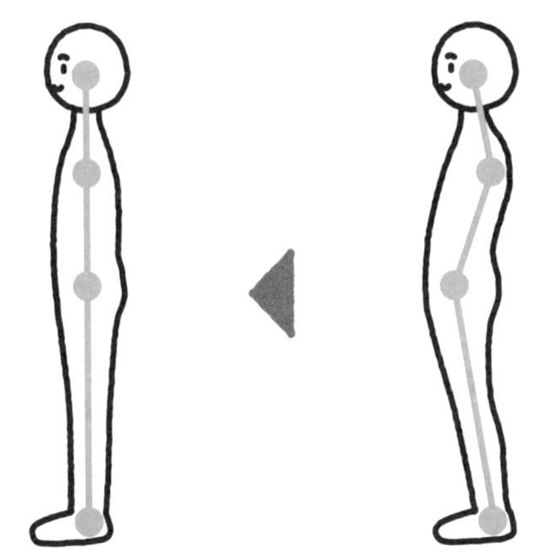

## 藉魔法語句帶來的想像，鬆開僵硬的部位

那麼，該怎麼做，身體才會處於適度的攞遢狀態呢？

答案當然就是魔法語句！（終於進入這個階段了！）

唸出魔法語句時，腦海自然會產生相應的想像，進而影響感官，不由自主產生「身體彷彿真的如此」的感覺。

我們的腦袋是有彈性的，所以會試圖實現

腦海中的想像，在實現的過程中就會慢慢鬆開身體繃緊的部位。

舉例來說，請試想將「酸梅」放進口中的感覺，當然「檸檬」也可以。

是否覺得嘴巴肌肉開始變緊，並且開始分泌唾液了呢？

雖然沒有實際吃到酸梅或檸檬，**光是想像就讓腦袋產生錯覺**。

魔法語句就是將這個道理應用在姿勢上。

雖然有一部分的想像可能比較奇怪，很難與一般姿勢聯想在一起，但這其實就是我追求的效果。我要借助這種意外性與驚訝的力量，幫助各位俐落逃出日常習慣。

後面將介紹具體的作法，所以請各位掌握目前談到的訣竅，和肌肉緊繃說再見，體驗用骨骼支撐身體的感覺吧。

同時也能夠重整變差的姿勢、不適與各種身體狀況。

同時改善姿勢與身體不適！
特種物理治療師大橋SHIN

## 「背脊都挺直了！判若兩人！」連老朋友都驚訝萬分

我從以前就知道自己有駝背的問題，從學生時代就因為背部拱起，經常聽到朋友提醒：「妳看妳，背又拱起來了喔！」但是無論我多麼努力想矯正姿勢，回過神時又恢復原狀，最後只能自暴自棄：「反正我沒救了。」

隨著孩子們長大離家，我最近總算又擁有自己的時間了，但是每次出門透過街邊櫥窗看見自己的倒影，都會感到震驚：「什麼？我的駝背已經嚴重得看起來像老太婆了嗎？」心情也不由自主變得晦暗。

但是遇見大橋醫師，讓我徹底改變了。我透過講座上學到了魔法語句、呼吸法與姿勢基礎知識，沒想到學習完後背脊就變直了，身體也變得輕盈，讓我腳步都變得輕快，甚至獲得了睽違數年的香甜睡眠。在那之後沒多久，我和老朋友見面時，對方也驚訝表示：「妳的背脊都挺直了！簡直判若兩人！」

沒想到駝背這麼輕鬆就治好了，讓我不禁覺得長年來苦於駝背的自己簡直像個笨蛋。不只我自己很吃驚，外子與朋友也都目瞪口呆——原來改變姿勢這麼簡單！

F太太（64歲的主婦）

第 2 章

# 瞬間改善姿勢的十大魔法語句

## 隨時隨地
## 輕鬆重整姿勢

本章終於要正式進入「魔法語句」的說明了。

首先請試著以輕鬆的心情，一一唸出魔法語句吧，不必唸出聲音也無妨（當然要唸出來也很好喔）。

各位在唸出魔法語句時，會感受到身體緊繃的區塊慢慢鬆開，背脊慢慢挺直。

無論是什麼時候、在什麼地方、呈現什麼樣的姿勢，都可以施展這道魔法。

無論是站著還是坐著，無論是走路時、工作時、開會時、做家事還是帶小孩時，都可以施展這道魔法。畢竟人類本來就一直在動，不會維持特定姿勢。

不需要做出任何努力，不必以「我要改善姿勢！」這麼認真的態度去做。

在日常生活中秉持著輕鬆隨興的心情，讓自己能夠想到就做是非常重要的。

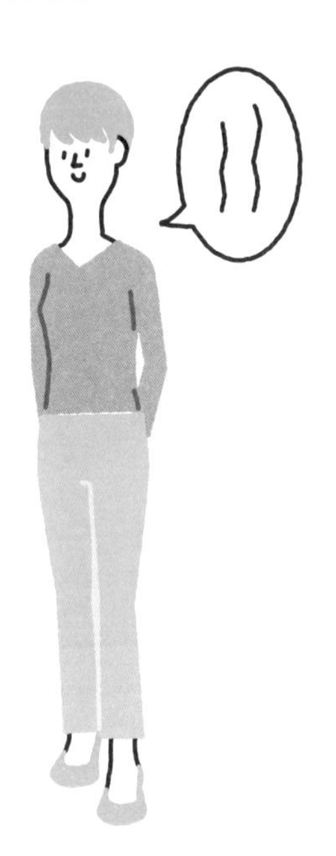

任何時間、任何地點

只要唸出魔法語句都有效！

## 「姿勢關鍵」是消除緊張，提升骨骼支撐力的重要部位

正式說明之前，想請各位記住一件事，那就是「姿勢關鍵」這個重要部位。

無論什麼事情，都會有「只要掌握這一點就沒問題」的關鍵點。

以業務員來比喻的話，關鍵點就是客戶方擁有決策權的部長等，只要能夠說服這個人就能夠談成合作了對吧？

這裡就將姿勢的關鍵點，稱為「姿勢關鍵」吧。

「姿勢關鍵」位在頭部與脊椎的連接處，更專業一點的說法就是寰枕關節，這裡也是我的專業領域——亞歷山大技巧中最重視的部位。

緩解寰枕關節的緊繃能同時解放脊椎與頭部，使原本各自為政的頭部、頸部、肌肉與脊椎等，能夠自然地互相牽動，如此一來，就能夠輕鬆地以骨骼撐起身體。

只要姿勢關鍵確實放鬆，全身就能夠呈現在「適度的擺盪狀態」。

反過來說，全身能夠呈現在適度的擺盪狀態時，姿勢關鍵也能夠輕鬆擺蕩，而脊椎與頭部的均衡，就是這麼重要。

首先確認「姿勢關鍵」的位置。寰枕關節位在顳顎關節的後方，而顳顎關節則位在耳孔往臉頰水平延伸四公分處與顴骨突出處下邊的交錯點，按壓該處即可影響寰枕關節。

只要用食指、中指、無名指這三根手指的指腹輕輕按住即可。

建議在熟悉魔法語句前（尤其是❶與❷），一邊唸、一邊以指腹按著「姿勢關鍵」。當然，熟悉之後就可以不按了。

那麼就趕緊來介紹魔法語句吧。

小船靜靜在頭部裡擺盪。

這艘船就在
「姿勢關鍵」的正上方
輕盈漂浮著喔

與輕鬆姿勢一起改善的症狀

- 頭痛
- 眼睛疲勞
- 表情肌肉緊繃
- 下顎緊繃
- 吞嚥能力低下
- 鼻塞

## 1 想像沉重的頭部正漂浮在「上方」

據說人類的頭部重量達體重的一〇％。也就是說體重五十公斤時，頭部約重五公斤，可以說是非常重。

身體沒有確實支撐如此沉重的頭部，也是造成姿勢不佳和諸多不適的重要原因之一。

至於什麼樣的狀況代表身體沒有確實支撐住頭部呢？那就是試圖用頸部或背部肌肉固定頭部的狀態，因為光憑肌肉是無法固定住如此沉重的重量。

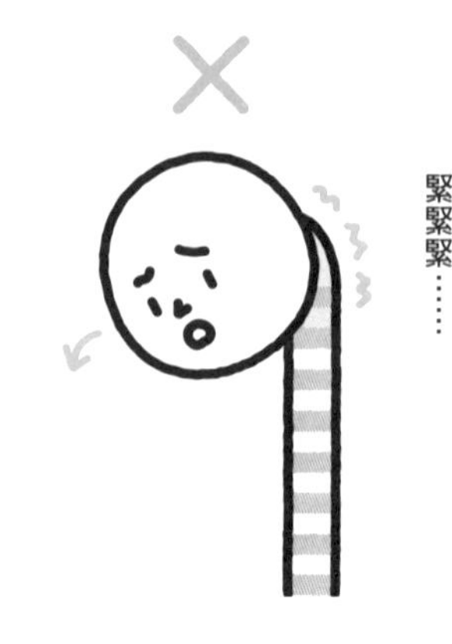

頭部本身就很容易在不知不覺間變得緊繃。困擾時、沉思時或是遇到抗拒的事情時，我們會不由自主皺起眉頭，頭部自然會跟著緊繃。有時還會咬緊牙根，全身疲憊得不得了。

想必各位也心有戚戚焉吧？那麼該怎麼辦才好呢？

只要讓頭部輕盈地漂浮在脊椎與「姿勢關鍵」即可。

唸出「小船靜靜在頭部裡擺盪」的同時，請想像頭部與脊椎相接的「姿勢關鍵」處有一座小湖。

小船就在這座湖上隨風搖擺，盪出陣陣漣漪。

隨著想像的進行，會漸漸感受到頭部彷彿輕飄飄地飄浮在半空中，如此一來，頸部的肌肉自然會放鬆，脊椎也能夠確實乘載住頭部，使其位在脊椎正上方。

如此一來，頭部對身體來說就不再是過度沉重的負荷，不必特別做些什麼，脊椎與姿勢也會自然挺直。

脊椎如鎖鏈般擺盪。

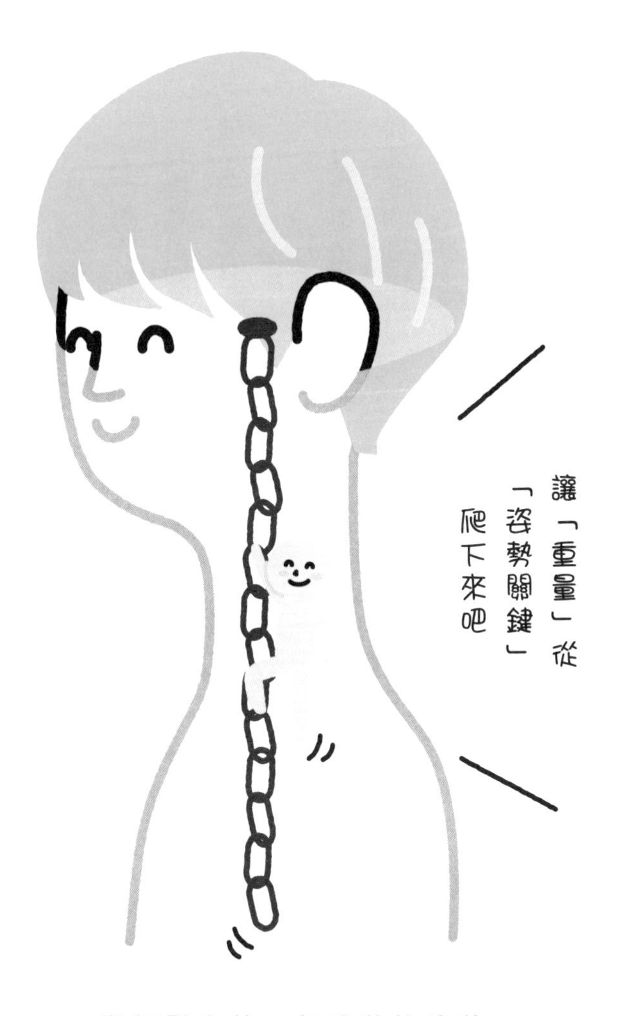


## 與輕鬆姿勢一起改善的症狀

- 肩膀僵硬
- 腰痛
- 易累
- 四肢冰涼、浮腫
- 坐骨神經痛
- 靜脈栓塞（預防）

## 2 想像脊椎邊搖晃邊「往下」垂墜著

人們對脊椎抱持著許多誤解。

我接觸過的患者中，幾乎所有人都認為脊椎是「頸部至腰部」且「如棒子般固定住」。

其實這種錯誤的想像，會導致身體難以處於適度的擺盪狀態。

這邊先容我談談正確答案吧。

脊椎其實是從姿勢關鍵一路連接至尾骨，而且骨骼會如鎖鏈般串連起來，動起來相當靈活。

正常的脊椎應該是從姿勢關鍵垂下的感覺。

但是姿勢不佳時，卻會變成脊椎由下而上頂著頭部。

如此一來，本應輕盈飄浮在上方的頭部，就會被緊繃的頸部肌肉綁住，進而引發駝背或是簡訊頸（text neck）等不佳的姿勢。

所以基本上建議將魔法語句❶與❷搭成一套使用。

首先感受到頭部如小船般輕盈漂浮在湖面之後，再想像「名為脊椎的鎖鏈」從頭部往下筆直垂墜的模樣。

這條鎖鏈會行經身體的中心線，配合小船的擺盪節奏穩定搖曳著。這時放任身體隨著搖曳節奏擺盪也無妨（當然，不搖擺也無所謂）。

輕盈漂浮的頭部小船，以及隨之搖曳的脊椎鎖鏈——只要感受到位在這兩者之間的姿勢關鍵逐漸沉靜、放鬆，就代表這次施展的魔法成功了。

# 眼球總是在水上漂浮著。

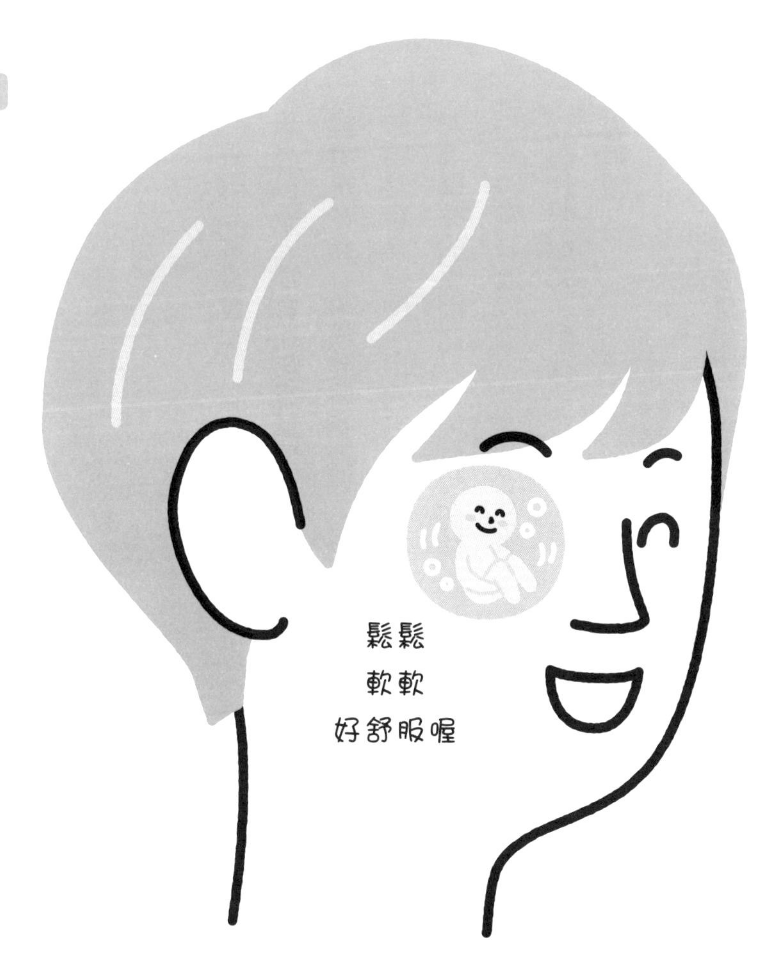


與輕鬆姿勢一起改善的症狀

- **眼睛疲勞**
- **乾眼**
- **眼睛充血**
- **緊張型頭痛**
- **眼尾與眉頭皺紋**

## 3 想像眼球總是被一股力量往內拉，現在要解放眼球了

眼睛其實是會在不知不覺間用力的部位，想必很多人都會在無意識間盯著電腦螢幕，或者是在滿心煩躁時將眼睛往上抬。

平常容易過度使用的眼睛，也是造成身體肌肉緊繃的原因之一。因為眼睛的緊繃，特別容易蔓延到頸部、頭部，甚至是全身。

眼球緊繃時，眼部的肌肉就會從後方拉扯著眼睛。

因此這裡要透過魔法語句，想像眼球漂在

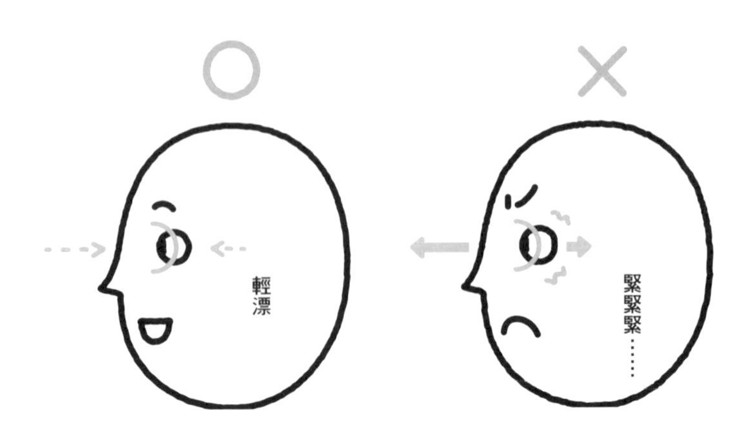

水中的感覺，藉此解放因緊繃而遭固定在後方的眼球。

人類擁有透過視覺維持身體平衡的神經迴路。

因此姿勢與眼睛會互相影響，只要其中一邊變得緊繃，另一邊也會跟著緊繃。

而「眼球總是在水上漂浮著」這句魔法語句，就是要斬斷如此惡性循環。

視物時為了掌握目標物，而過度努力想看清楚，眼睛當然會變得緊繃。

眼睛不過就是將影像傳輸到腦部的鏡頭罷了。**所以請試著讓眼睛維持在水中自在漂浮的狀態，放任影像透過眼睛傳進來即可。**

只要能夠掌握這個感覺，眼睛就不容易疲勞了，此外眼睛充血、緊張性頭痛等困擾也理應逐漸改善。

此外放鬆眼部肌肉也有助於減少眼尾與眉頭的皺紋，有時能夠讓表情嚴肅的人看起來溫柔許多，甚至達到判若兩人的效果。

魔法語句

4

口腔

血液行經牙齦，
舌頭就像麻糬一樣
柔軟飽滿。

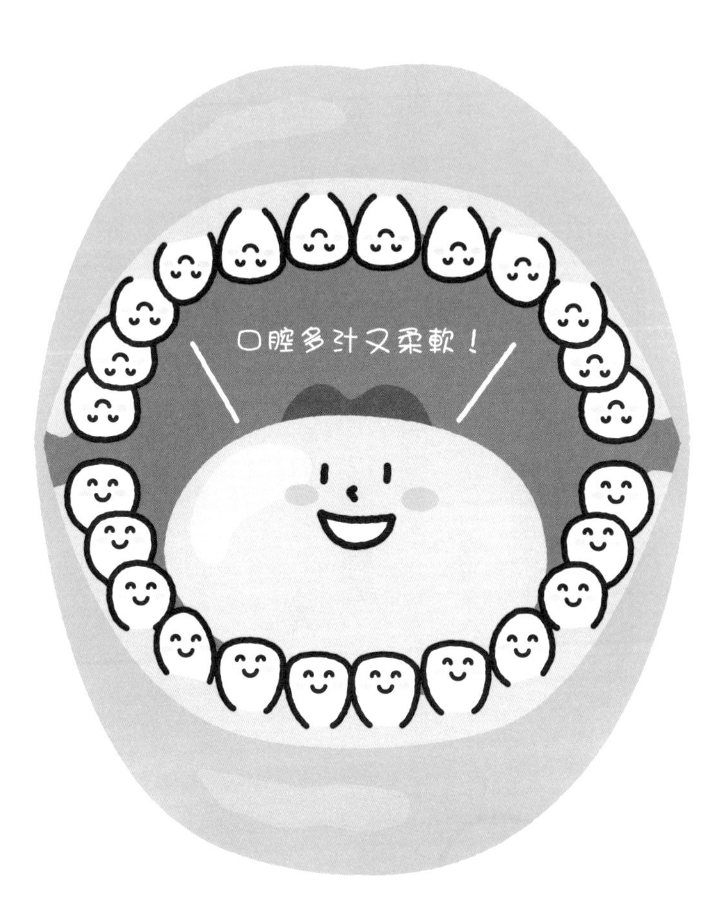


## 與輕鬆姿勢一起改善的症狀

- 顳頜關節疾病（Temporomandibular joint disorder）
- 口腔乾燥
- 蛀牙
- 口臭

## 想像口腔內部逐漸擴散開來並解放

嘴巴與眼睛一樣，都很容易在不知不覺間用力。

各位在承受心理壓力時，多少有過下意識咬緊牙根，或是口腔變得乾巴巴的經驗吧？這就是嘴巴或口腔內部緊繃的證據。

事實上，下巴肌肉&舌頭肌肉（好像很少人知道，不過舌頭其實就是整塊肌肉）與頸部的肌肉習習相關，所以也會影響到脊椎與頭部的位置關係，畢竟這些肌肉在運動時一定會互相牽動。

因此，嘴巴與口腔內部用力，導致下巴與舌頭的肌肉緊繃，頸部的肌肉就會跟著僵硬並產生往下的壓力，如此一來，「姿勢關鍵」就無法從緊繃中解脫。結果就招致身體緊繃、僵硬，進而導致姿勢變差。

唸出這句魔法語句所帶來的想像，有助於緩解牽動口腔、牙齒與舌頭的肌肉緊繃問題，讓口腔內部空間更加寬闊。下巴的肌肉也會跟著放鬆，使「姿勢關鍵」得以解放。

當姿勢關鍵呈現在適度的擺盪狀態時，就能夠輕鬆地以骨骼支撐起身體。唾液的分泌也會更加順暢，滋潤整個口腔。

當口腔與舌頭都能夠靈活運作時，就有助於提升口腔與喉嚨的免疫功能，比較不容易罹患傳染病。

魔法語句

5

# 頸部

雙肩如同
阿爾卑斯山上的冰雪
在春天融解般逐漸散開。

## 與輕鬆姿勢一起改善的症狀

- 肩膀僵硬、頸部僵硬
- 頭痛
- 易喘
- 失眠
- 自律神經失調
- 更年期障礙

## 5 想像肩、胸與背往外展開，解放了頸部

我診斷過許多患者的身體，發現包括本身沒有注意到的人在內，有九成以上的患者頸部一帶會在不知不覺間用力，而這個原因可概分為二。

首先是習慣聳起肩膀或是垂著頭部等動作，這都會讓頸部縮成一團。

另一個就是過度挺胸導致背部收窄，頸部肌肉跟著受到拉扯所致。

所以請分開左右肩膀，紓解頸部一帶的緊繃吧。

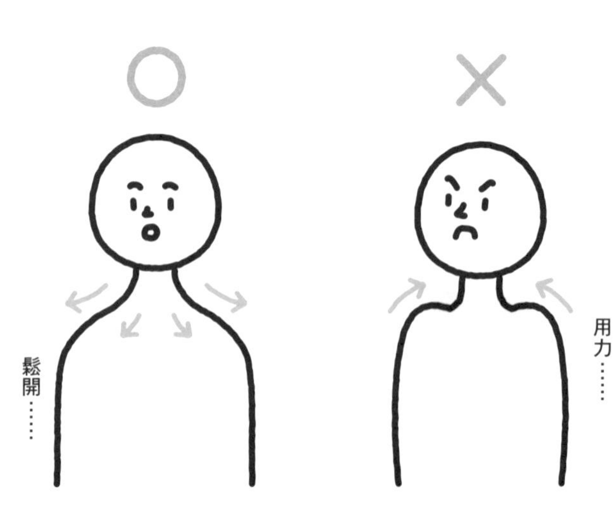

這時的關鍵在於不要努力去做，試著完全不要施力，讓身體部位自然回到正確的位置。

但是若要滿腦子想著「不要施力」反而難以辦到，所以就一起借助魔法語句的力量吧。

阿爾卑斯山等山腳處的積雪，到了暖和的春天時，就會日復一日地融解對吧？充滿綠意的面積也會慢慢擴大。

所以請在唸出魔法語句的同時，試著讓雙肩如同雪融般慢慢地、慢慢地鬆開。

關鍵在於鬆開的方向不只左右兩側，而是往四面八方散去的感覺。

「適度的搖晃狀態」不會侷限在特定方向，因此請讓肩膀、頸部與背部都仿效雪融的模樣，慢慢往各個方向滑落吧。

只要掌握到這個感覺，原本緊縮或是被拉扯的頸部肌肉就會逐漸鬆開，讓頸部得以自在伸展，姿勢當然也會更好看。

胸腔與背部擴散開來，
讓呼吸如漣漪般運行。

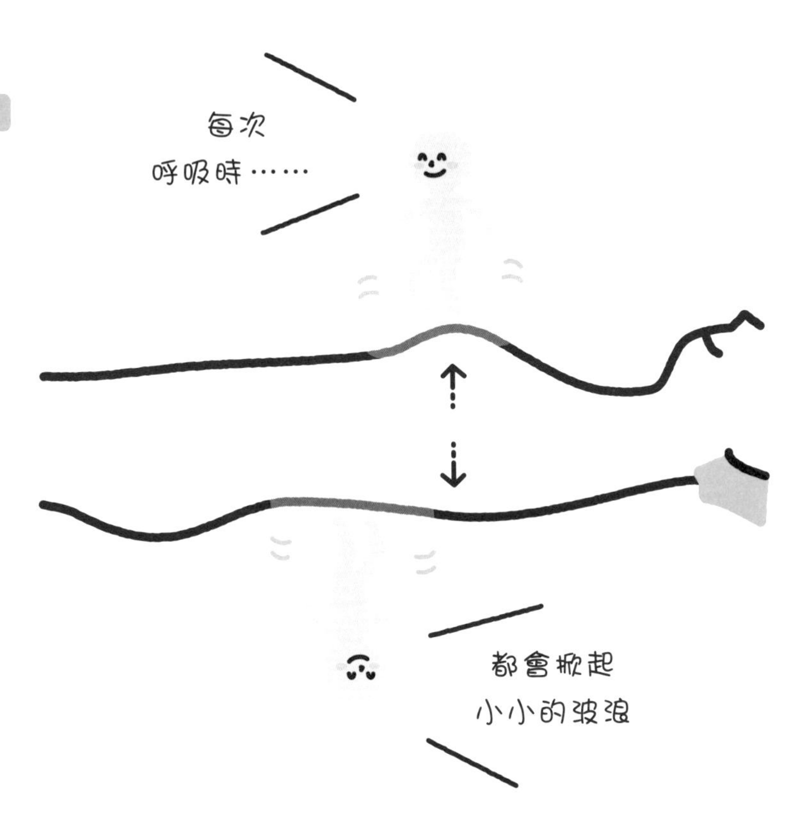


與輕鬆姿勢一起改善的症狀

- **呼吸系統的不適**
- **呼吸困難**
- **壓力或煩躁情緒**

## 6 想像藉由呼吸，使胸廓不斷展開

首先請特別留意魔法語句中「胸腔與背部」這個部分。我們要注意的不只是胸腔前側，連後側也不能輕忽。也就是說，我們要將重點放在整個胸廓。

而胸廓就是覆蓋整個胸腔的骨骼。

姿勢不佳的人通常有無意識間縮起胸廓的傾向，這麼做會縮窄肺部的伸縮範圍，空氣的進出量當然也會變少。

空氣進出量偏少，就容易有呼吸困難的感覺，姿勢也會變得更差。

更不妙的是呼吸愈是不順暢就愈容易縮起雙臂，結果胸廓的範圍又遭到更嚴重的擠壓，姿勢不佳的人特別容易出現呼吸系統方面的症狀（咳嗽或氣喘等）就是受到這個問題影響。

因此只要解放胸廓，自然能夠改善這些問題。

這裡介紹的魔法語句要請各位將呼吸想像成「波浪」一樣，讓波浪隨著呼吸平穩地來去。

請放任身體徜徉在波浪盪漾中，體會胸腔與背部慢慢展開的感覺。如此一來，原本緊緊擠壓著身體的雙臂也會跟著放鬆，並且連帶著將胸廓範圍拉開。

請特別留意的是這裡的想像是非常具立體感的。

人們提到「改善姿勢」時往往著重於「往上的感覺」，但是所謂的「適當擺盪狀態」會流向四面八方，包括上下前後左右與斜向。

後面還會在魔法語句⑩進一步探討呼吸的部分。

魔法語句

7

體幹

全身化為瀑布，
活力十足的鯉魚
由下躍上。

與輕鬆姿勢一起改善的症狀

- 肩膀僵硬
- 腰痛
- 便祕
- 疲勞
- 骨質疏鬆症

## 7 放心將全身交給重力

覺得無法靈活運用自己的身體時，通常都有個共通點。

那就是會在不知不覺間對抗重力。

「立正」這個姿勢就相當典型。這種姿勢會不斷將身體往上提，與往下拉的重力完全相反，所以身體當然會變得緊繃。

挑戰重力是有勇無謀的舉止。

這邊要建議各位放心將全身交給重力。

這種「鯉魚躍龍門」式的想像，背後的意

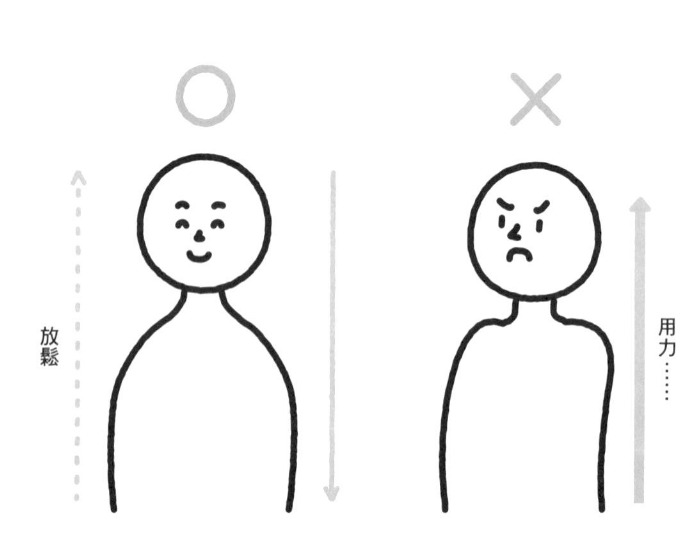

義其實是「身體愈放鬆，骨骼愈能自在豎起，讓身體從最深處展現出良好的姿勢」。

由於身體會受到自身重量與重力的影響，所以就像「由上往下墜落的瀑布」。全身放鬆的話，頭部與上半身的重量就會在重力拉扯下，產生了不斷朝下的「重量流動」對吧？而這就猶如瀑布的水流。

接著身體的能量就會像逆流而上的鯉魚一樣，自然地往上湧現，就會展現出前面介紹過的狀況——姿勢愈是「放鬆」，體幹就能夠更「確實」地支撐住身體。也就是說，「鯉魚躍龍門」式的想像，只是用不同的表達方式在敘述同一件事情。

熟悉這句魔法語句帶來的想像時，就能夠信賴在體內奮力飛躍的「鯉魚」，放心地將全身交出去，當然也不會出現過度的施力。只要將重力當成夥伴，就能夠漸漸學會「靈活運用身體而不受重量或重力拖累」。

這種方法能夠在不對身體造成多餘負擔的前提下，讓身體自然而然挺起，如此一來，無論是長時間站立或坐著都不容易感到疲憊。

# 骨盆就是紅酒杯的底部，總是靜靜地搖晃著。

與輕鬆姿勢一起改善的症狀

- 腰痛
- 便祕
- 腹部偏涼
- 髖關節疼痛
- 漏尿

## 8 想像骨盆 隨著動作靈活運動

或許有些突然，不過這邊想向各位談談兩大「糟糕姿勢」。

第一種就是駝背——這是種下巴往前挺出、頸部縮起且腹部往前挺出的姿勢。

第二種則是腰部反折——這種姿勢會對背部肌肉造成相當大的負擔，非常容易累。

這兩大「糟糕姿勢」有個共通點。

那就是骨盆傾斜，呈現在卡卡的狀態。當骨盆呈現在僵硬難動的狀態時，就會對腰椎造成負擔，特別容易腰痛。

輕鬆

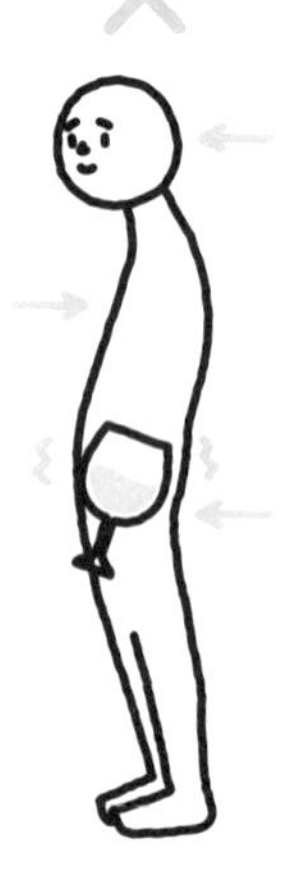

用力……

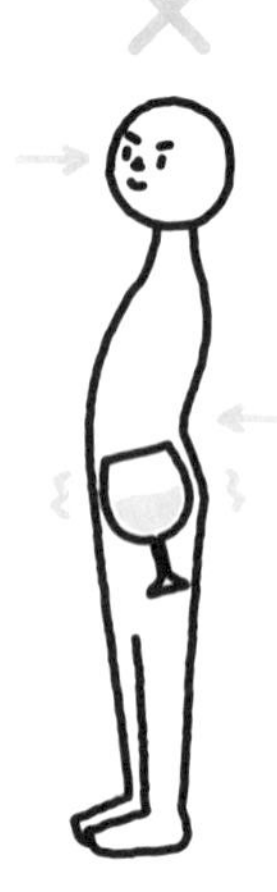

人體雖然隨時處於細微的擺盪狀態，卻會在擺盪中取得平衡。骨盆當然也不例外。因此透過適度的擺盪狀態讓骨骼支撐身體時，就能夠分散上方傳下來的重量，大幅提升支撐效率。

骨盆的擺盪就如同紅酒杯。如同紅酒杯的底部帶有圓弧，骨盆底部同樣呈現和緩的弧線。

即使我們晃動紅酒杯，杯中的酒液仍會維持一定水平。**儘管骨盆隨著姿勢或動作擺動**（請想像抗力球），**身體的重量仍會沿著身體中心，由上筆直往下傳輸，這種狀態就與酒杯中的酒液相似。**

透過魔法語句將骨盆想像成紅酒杯的底部，像醒酒時的搖杯一樣適度晃動，就能夠讓身體的支撐力更加均衡。

如此一來就不會形成兩大「糟糕姿勢」，能夠輕鬆維持神采奕奕的模樣。

這句魔法語句特別適合坐辦公室的人，只要骨盆呈現在適度的擺盪狀態，坐姿自然會更有精神，請務必嘗試看看。

沙漏的沙子
沿著腿部筆直落下。

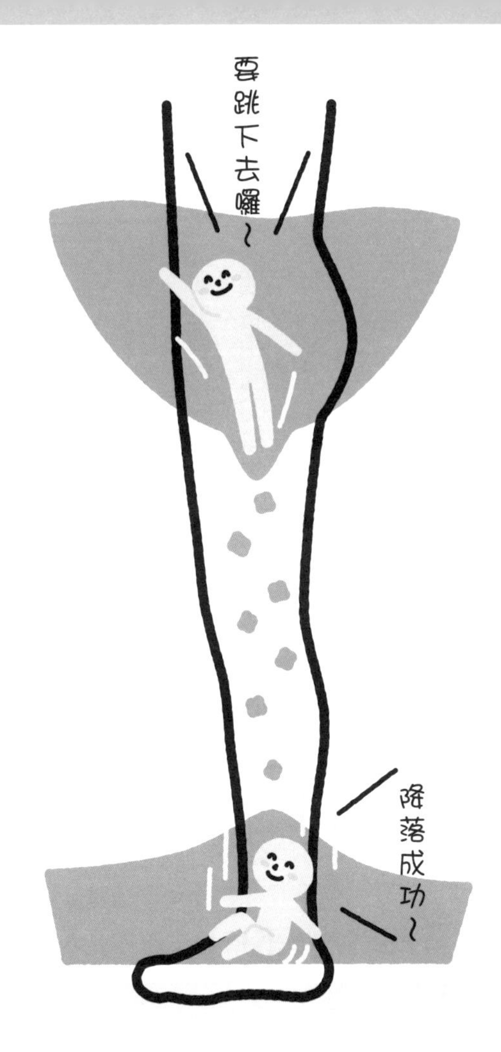


## 與輕鬆姿勢一起改善的症狀

- 膝蓋疼痛
- 髖關節疼痛
- 腰痛
- 拇趾外翻
- 胃痛
- 漏尿

## 9 想像小腿放鬆地朝下筆直垂落

透過前面的魔法語句7，想必各位已經透過「體幹」的想像，體驗到不反抗重力、和重力和平共處的感覺了。

這次要將相同的概念運用在「下半身」，尤其是膝蓋。

膝蓋與骨盆一樣都是容易卡卡的部位，既然如此，這邊當然就是要探討「鬆開」的話題，但是實際上太鬆也不好。

「膝蓋過度伸直」造成的第一個問題就是腰部會反折。

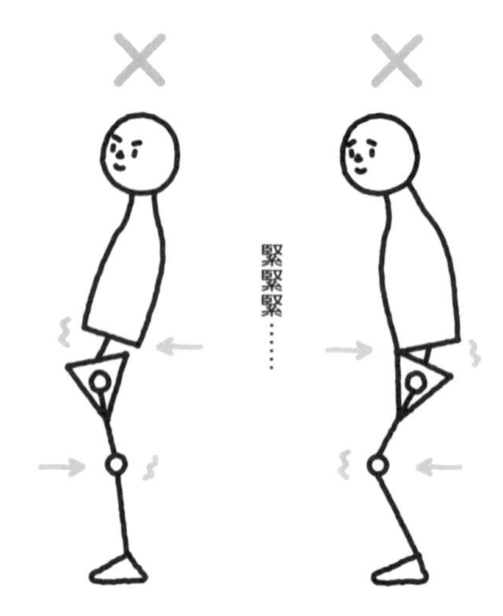

相反地，「膝蓋過度彎曲」會使腰部跟著彎曲。

兩者都會造成腰痛，不得不慎防。

這時我們必須透過「讓膝蓋在放鬆的情況下伸直」，掌握讓體重造成的負擔，能夠筆直傳到腳底的感覺，這時魔法語句就派上用場了。

請將腰部至腳底想像成一個巨大的沙漏，而沙漏中的沙子都會隨著重力筆直墜落對吧？

所以請試著想像腰部的沙子沿著膝蓋、小腿筆直墜落至腳底的畫面吧。

沙子堆積在腳底時，重量能夠助其站得極穩。只要順利想像出這樣的畫面，就能夠輕易找到重力應墜落的筆直路徑。或者是用穿衣鏡檢視自己的側面，確認褲子的側邊縫線是否筆直地與地面垂直（就算沒有穿長褲，也可以用想像的）。

在詠唱這句魔法語句時請務必坐立，如果要在坐著的情況下使用，請改用同樣能夠和重力當好朋友的魔法語句⑦。

## 認識魔法語句⑩之前——與呼吸結盟，姿勢自然好

最後要介紹的魔法語句⑩堪稱最終兵器，是所有魔法語句中的「壓箱寶」。這句話要帶領各位認識的重點就是——與呼吸結盟。

「呼吸與姿勢有什麼關聯性呢？」或許會有人感到疑惑，但是其實兩者的關係緊密得不得了。

對人類而言，呼吸本身其實就是一種「擺盪狀態」。

周而復始的「呼」與「吸」雖然會視情況出現快慢或輕重等變化，但是基本上都像拍往岸邊的「細小波浪」，會以平穩的步調反覆著湧上與退去。

這種不會止歇的擺盪狀態，日復一日地驅動我們的身體，這正是支撐生命活動的原動力。

事實上，若讓呼吸的擺盪與姿勢或動作同步，就有助於大幅提升我們的身體機能。不必用力也可以維持姿勢穩定，動作會更加流暢優美且強勁有力。

以網球的發球為例。

發球時必須先將球往上拋，再大動作將球拍揮往頭上。這裡建議各位在做出這組動作時吸氣，接著以稍快的速度吐氣，並順著吐氣的力道與方向感揮下球拍。

發球動作與呼吸節奏契合時，就能夠在不太動用到臂力的情況下，擊出強得令人訝異的一球。有在打網球的人請務必嘗試看看！

「呼吸」與「姿勢」動用到的肌肉幾乎完全相同，因此兩者可以說是密不可分，切也切不斷。

所謂的呼吸肌肉，其實是肋間肌、斜方肌、豎脊肌、腹斜肌、腹直肌、橫膈膜等「與呼吸相關的肌肉」總稱，而這些肌肉其實也兼具維持姿勢的功能。

也就是說，無論談的擺盪是姿勢方面還是呼吸方面，指的終究都是同一件事情。

但其實現代人的呼吸與姿勢都很不協調。

人們往往將「呼吸」與「姿勢」視為不同的事情，沒有將兩者「擺盪」整合在一起，以達到互相牽動的效果。

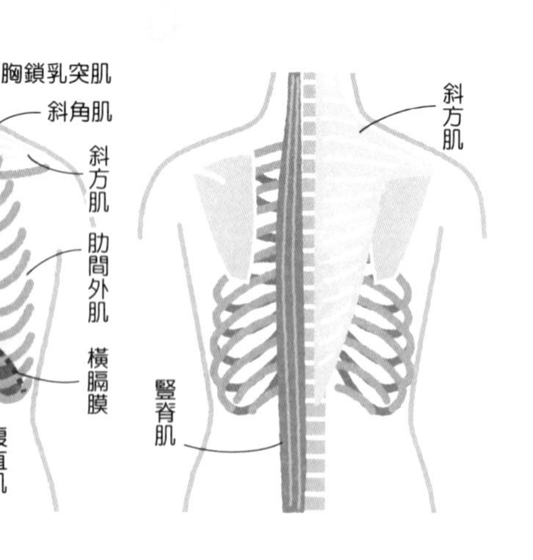

緊張導致呼吸變淺時，姿勢就很難處於適度的擺盪狀態。

相反地，用力擺出立正姿勢，呼吸也會跟著受到壓抑，當然無法呈現在適度的擺盪狀態。

意識到原以為毫無關係的「呼吸」與「姿勢」其實是一體時，適度的擺盪狀態就會自然成形。

又深又慢的呼吸擺盪狀態會帶動姿勢，使其一併呈現適度的擺盪狀態。

姿勢得以處於靈活的擺盪狀態時，呼吸自然就會又淺又慢。

這就是最接近「優美」、「不易累」、「好行動」姿勢的理想狀態。

接下來，就要介紹這最後的魔法語句了。

藉吐氣鬆開身體，

藉吸氣拉直脊椎。

（請用這種感覺反覆呼吸數次）

吸氣時脊椎會
自然挺直……

吐氣時身體會
放鬆……

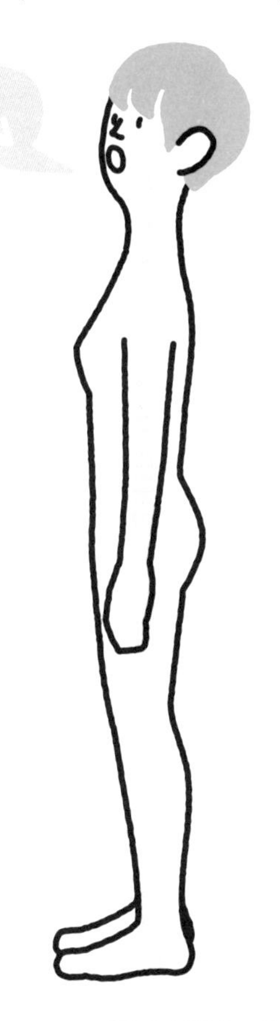

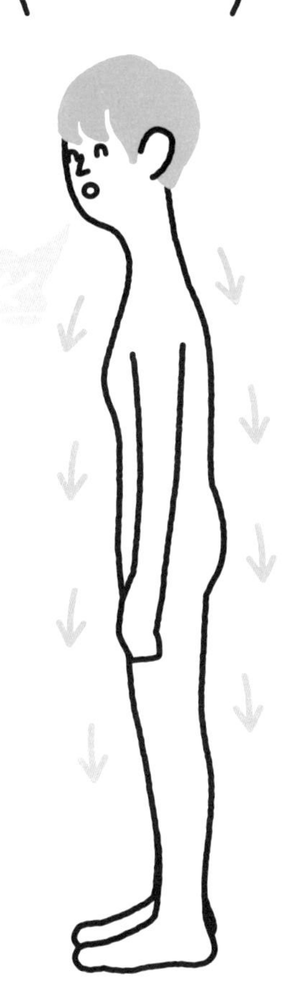



與輕鬆姿勢一起改善的症狀

- 憂鬱
- 易累
- 肥胖
- 骨質疏鬆症
- 高血壓
- 靜脈栓塞（預防）

## 放任全身隨著呼吸擺動

請試著在唸出這句魔法語句的同時，反覆呼吸數次，並仔細體會身體前後擺盪的感覺吧。

是否發現**吐氣時全身力量會一起抽出，吸氣時姿勢就會自然變挺**呢？

我認為人類的呼吸其實具有堪稱「姿勢維持裝置」的功能。

我們會在無意識之間，透過呼吸細微地調整姿勢。

吐氣時肌肉會「放鬆」，吸氣時脊椎會「確實」挺立並往上伸直——這絕對不是錯覺。

既然擁有呼吸這組「姿勢維持裝飾」，為什麼還會有姿勢不佳的問題呢？

這其實是因為沒有放任身體隨著呼吸擺盪所致。

反過來說，只要能夠確實將身體交給呼吸，基本上就不會有什麼駝背的問題。

只要藉魔法語句「放鬆」身體，自然能夠獲得「確實」的姿勢。

雖然前面是以「先放鬆再確實支撐」這個順序做討論，但是魔法語句⑩其實是能夠同時「放鬆」與「確實支撐」的萬能靈藥。

只要能夠透過魔法語句①～⑨確實掌握放鬆的感覺，日後就有很大的機會是僅使用魔法語句⑩，即可維持良好姿勢。

從這個角度來看，這句魔法語句確實是「壓箱寶」無誤。

後面將進一步說明靈活運用，以及視情況選擇魔法語句的方法。

## 增強姿勢維持裝置的「鞠躬式呼吸」是什麼？

前面介紹的十大魔法語句，是非常簡單又具速效性的理論。

接下來要專為「希望更快改善姿勢」、「希望更徹底地解除身心緊張」的人介紹小小的運動法。

那就是「鞠躬式呼吸」。

動作非常簡單，只要依吐氣與吸氣的動作鞠躬數次即可。

上身往前傾斜後再回到原本位置，就是一種擺盪的狀態，所以請如前面說明般，仿效拍到岸邊又退回的小波浪進行吧。

各位不覺得這種動作就像在對人鞠躬嗎？

配合身體的動作慢慢地呼吸，呼吸與姿勢的擺盪自然能夠合而為一。

如此一來，藉吐氣「放鬆」肌肉、藉吸氣讓脊椎「確實」挺立並往上伸高的姿勢維持裝置功能就會大幅提升，讓人進一步體會到「姿勢自己變好了」的感覺。

本書54頁強調了想打造「優美」、「不易累」、「好行動」的姿勢，「姿勢關鍵」會非常重要。而這邊也要請各位特別留意這一點。

「姿勢關鍵」愈放鬆，呼吸與姿勢的擺盪就會愈合拍，當然也讓姿勢維持裝置更好運作。

反過來說，只要呼吸的擺盪狀態能夠正確運行，「姿勢關鍵」就更易維持在放鬆的狀態。

藉由這種相輔相成的效果，打造出正向循環的正是「鞠躬式呼吸」。

實際的做法如下：

## 鞠躬式呼吸的作法

將手指抵在顳顎關節前（參照55頁），藉魔法語句❶❷解放「姿勢關鍵」。

在前述狀態下，慢慢配合吐氣的節奏往前彎腰。

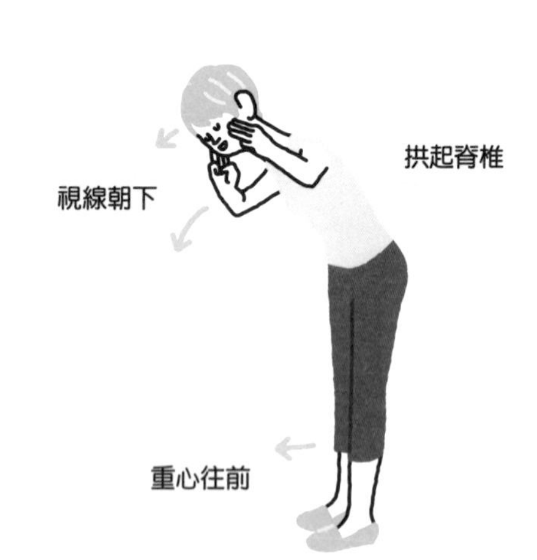

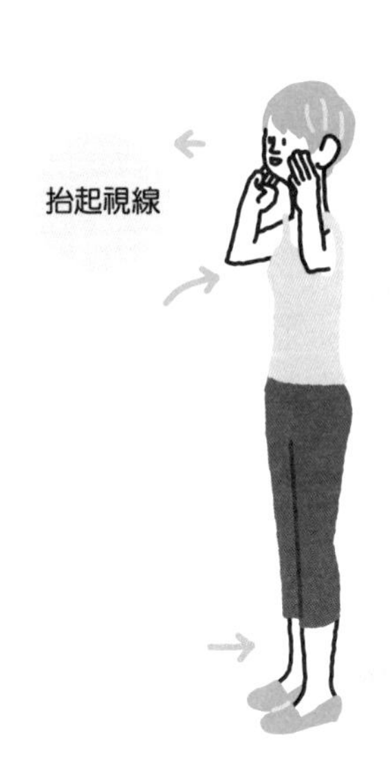


配合吸氣的節奏，慢慢恢復原本的姿勢。

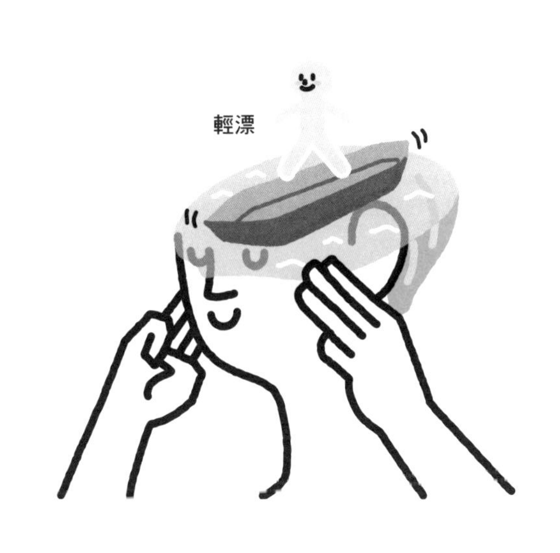


仔細感受「姿勢關鍵」的擺盪。

步驟2～4請重複3次以上

前面的「鞠躬式呼吸」已經談到不少注意事項，這裡想做個簡單的補充說明。我在追求更舒適優美的姿勢與動作這條路上，研究了二十年左右後總算得到一個結論。

那就是身體真正呈現在「優美」、「不易累」與「好行動」的狀態時，「視線」、「脊椎」與「重心」會隨著呼吸同步產生下列這三件事情——

- **視線會隨著吐氣往下，隨著吸氣抬起**
- **脊椎會隨著吐氣拱起，隨著吸氣恢復到原本的位置**
- **重心會隨著吐氣往前，隨著吸氣回到後方**

啟發我獲得如此靈感的其實是太極拳的動作，不過這裡就不多著墨於細節了。總而言之，我透過太極拳，學會放任身體隨著呼吸擺盪，獲得輕鬆且效率極佳的運動身體的方式。

這讓我注意到唯有視線、脊椎與腳底的重心，能夠隨著吐氣與吸氣產生前述變化，身體才會呈現在「機能&構造與自然界擺盪合而為一」的究極狀態。

讓身體動作得以回歸最原始應有的樣態，才能夠消除經年累月的「不自然（肌肉緊繃、壞習慣）」，重獲失去的擺盪。

「鞠躬式呼吸」能夠一口氣動到剛才提到的「視線」、「脊椎」與「重心」，呈現下列狀況：

- **吐氣的同時視線會往下、脊椎會拱起、重心會往前**
- **吸氣的同時視線會往前、脊椎會挺直、重心會往後**

至於為什麼「視線」、「脊椎」與「重心」這麼重要呢？這邊將逐項說明。

## 【視線】彎腰時朝下，恢復時往前

眼睛負責接收五花八門的資訊，進而造成各方面身心緊繃。

既然如此，就以拉下「資訊接收處」窗簾的感覺，在吐氣的同時將視線朝下即可。藉此擺脫雜念之後，便可以一邊抬頭一邊緩慢地大口吸氣。

這時請繼續收起下巴，視線則望向遠方的下側。如果同時抬高下巴與視線，身體的重心就會失衡，所以請特別留意。

各位不妨想像自己站在二十五公尺的游泳

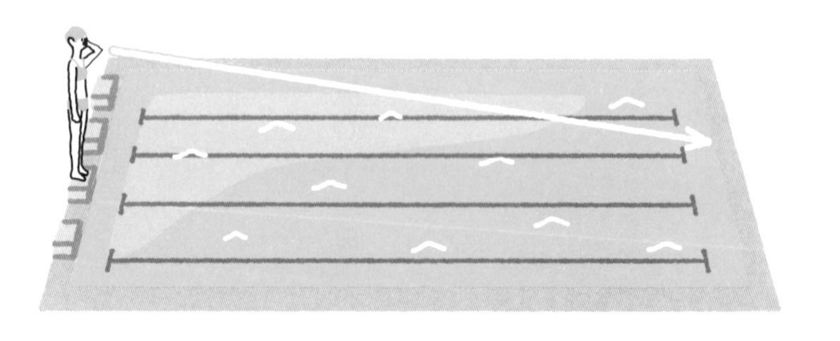

池邊，放空望向泳池另一端的感覺。

將視線聚焦於無窮遠處，自然能在毫不費力地注意到自己的呼吸與姿勢。

## 【脊椎】彎腰時拱起，恢復時挺直

身體拱起時，邊吐氣邊緩解肌肉緊繃。

身體恢復原狀時，邊吸氣邊挺起脊椎，用骨骼撐起身體。

執行時就像接力賽一樣，用肌肉交棒給骨骼的感覺去做。

許多姿勢不佳的人都是本應S形的脊椎變形，無法正確分散負荷，結果就對各處的肌肉與關節造成負擔。

配合呼吸的節奏放鬆脊椎，有助於恢復脊椎的負荷分散功能，避免對肌肉與關節造成負擔，以「骨骼之力」撐起身體。如此一來，即使身體沒有特別施力，還是能夠從深處確實地支撐身體，呈現出漂亮的姿勢。

## 【腳底】彎腰時重心往前，恢復時重心往後

請在緩緩深呼吸的同時彎腰，感受腳底重心的擺盪——吐氣時，重心會傾向前側的腳趾，吸氣時則會回到後方的腳跟。

吐氣時，身體往前傾，腳趾自然會為了站穩而用力，有助於腳底掌握正確的平衡感。

重新挺起身體的同時，除了要緩慢地深呼吸外，也請維持腳底的平衡感。

做這個動作時不妨將自己的身體想像成漏氣的氣球，在重新灌飽氣體的過程中慢慢立起，最後自然挺直的感覺。

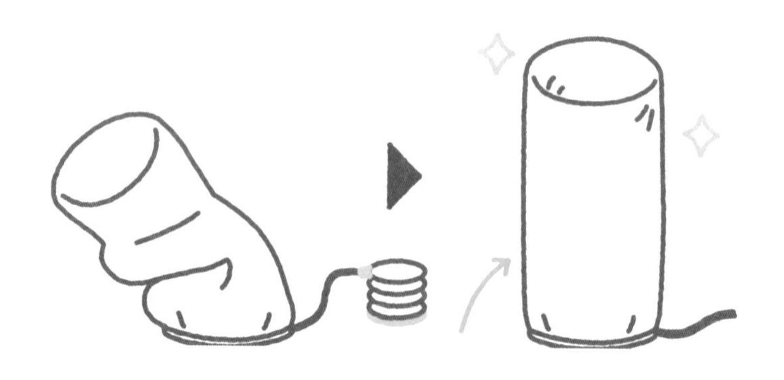

「重心該放在腳尖還是後腳跟呢？」

患者有時會提出這樣的問題，但是其實正確答案視情況而定。

因為身體隨時處於極其細微的擺盪狀態，有時往前有時往後，所以任重心隨著身體的擺盪移動才是最自然的狀態。

然而有許多現代人的腳底感官變得相當遲鈍，不少人習慣將重心放在特定位置，使姿勢慢慢變形。

只要維持在日常中執行「鞠躬式呼吸」的習慣，幫助腳底重新掌握正確的平衡感，自然就能夠獲得能夠確實站穩的漂亮姿勢。

「鞠躬式呼吸」的訣竅與魔法語句一樣，都是「不要努力」。

不會特別意識到自己的呼吸與動作，仍可繼續做出正確的「鞠躬式呼吸」，才是最理想的狀態。

好的，那麼本章已經介紹過十大魔法語句與「鞠躬式呼吸」這項運動了。

下一章開始我們將探討將其運用在日常生活中的方法。

實例分享 2

同時改善姿勢與身體不適！
特種物理治療師大橋SHIN

## 「媽，妳最近駝背很嚴重喔！」聽到女兒這麼說後，下定決心要奪回以前的自己

「媽，妳最近駝背很嚴重喔，看起來很像身體不太好的樣子。」聽到女兒這麼說時，我嚇了一大跳。我創立了非營利組織後，每天都忙得不可開交，聽到女兒的話後才認真攬鏡自照，發現背部線條的確圓得連我自己都懷疑：「這真的是我嗎？」這讓我不禁想跳上時光機，找回姿勢還很正確時的自己。

為了改善這個問題，我報名了大橋醫師的講座，聽完醫師對魔法語句、姿勢與呼吸的講解後，拱起的背部竟然在當天就挺直了；而且我的呼吸也變深，總覺得滿滿的元氣從腹部深處湧上。持續一段時間後，連腿部與臉部水腫都改善了，即使忙於工作也不容易焦躁，能夠心平氣和地完成。

這讓我覺得猶如真的踏上時光機，奪回以往的自己，大橋醫師真的救了我。最近身體變得靈活，腦袋也更加清晰，連帶的也覺得身處環境變得好溫柔，這或許也是「回春」的效果之一呢。

S太太（65歲的非營利組織負責人）

# 第3章

# 改變人生的神奇魔法語句使用指引

## 愈是必須努力時愈不努力，姿勢自然就改善

「唸出魔法語句時要搭配什麼訣竅嗎？」

我很常聽到患者這麼詢問，而我總是如此回答。

「只有一個，那就是不要努力！」

每個人聽到後都會一臉疑惑，畢竟大家都是努力想要改善姿勢才會來找我的。

努力會使身體緊繃，既然不知不覺間的身心緊繃造成了姿勢不佳，再努力的話就只會造成反效果。

舉例來說，用「給我盪！」的氣勢吼出魔法語句❶「小船靜靜在頭部裡擺盪」時，會發生什麼事情呢？

或許能夠帶來少許的擺盪，但是效果應該很不明顯。

以在放空時自言自語的感覺，平靜唸出「正在擺盪著……」會比較有效果。

毫無幹勁也無妨，所以請務必以輕鬆的心情嘗試。

這麼做才能夠避免身體產生多餘的反應，完整接收魔法語句帶來的想像，更懂得怎麼放鬆身心，並以骨骼確實支撐起身體。

「不要努力」這句話換個方式說，其實就是「不做多餘的事」。

畢竟我專攻的亞歷山大技巧，就是幫助人們放下「沒有意圖，卻在不知不覺間做出」的事。

魔法語句則為各位提供了下列「新選項」——

## 愈是希望改善姿勢就要愈放鬆
## 愈是感到不安或壓力大時就要愈放鬆

這麼做不僅能夠獲得「優美」、「不易累」與「好行動」的理想姿勢，對於不安與壓力的抵抗力也會變得更強。

後面也會談到，魔法語句還具備帶來健康與美麗這樣令人喜悅的附加效果。

前面提到的這兩項可能與各位平常的反應相反，但是在魔法語句的使用上卻是相當重要的方針。所以請各位務必銘記在心。

遇到容易造成身體緊繃的情況時，請仿效頂級運動選手或演員的作法，想辦法放鬆身心。只要能夠實現這一點，人生的品質就會大幅翻轉，活起來會更輕鬆。

當然，放鬆要從日常做起，而非囿於「想改善姿勢」、「感覺不安或壓力大」。

若是本書能夠成為一種契機，幫助各位認識「放棄努力」這種思維，那麼作為本書作者就再榮幸不過了。

## 首先，請試著在閱讀本書的同時，反覆唸出魔法語句吧

本書特別設計成只要閱讀一次，就能夠實際體驗到姿勢變佳的感覺。

儘管如此，「只讀一次」的話就太可惜了，所以我其實還是希望各位能夠按照魔法語句①～⑩的順序複誦數次。

本書總共有十句魔法語句，或許有人會覺得太多了。

但是請各位仔細想想。

唸完十句魔法語句，頂多只要一分鐘。只要花費一分鐘，就能夠獲得「優美」、「不易累」且「好行動」的理想姿勢其實非常划算吧？

考量到有些人會覺得為了十句話反覆翻書很麻煩，因此我特別在本書最前面準備魔法語句一覽表，方便各位剪下帶在身邊，所以請務必活用。

不過，相信一覽表很快就派不上用場了。

因為這十句魔法語句都非常好記。

這些語句都會伴隨著「想像」與「想像造就的感官體驗」，很快就會牢牢輸入在腦海裡。

我的患者幾乎都在接觸到這些語句的當天就記起來了，此外相當易懂的插圖也有助於加強印象。

只要藉由魔法語句讓身體熟悉適當的擺盪狀態，想必遲早能夠記下所有的語句。

學會靈活運用這些魔法語句的話，想必魔法語句將會在各位今後的人生，扮演著非常重要的角色，同時也會是強大的武器。

無論是日常想維持理想姿勢，或是想在緊急時刻平復心情，想必魔法語句能夠派上用場的情況將會五花八門。

所以接下來要具體介紹，如何將魔法語句運用在各種情況下的方法。

## 只要1分鐘！將十大魔法語句融入生活習慣

姿勢總會在回過神時已經變差了。

同樣的，內心也總在不知不覺間陷入惡劣狀態，像是憂鬱、煩躁、混亂等。內心與身體的影響是雙向的，因此姿勢與內心會出現同樣的現象也可以說是理所當然。所以在姿勢或內心狀態變差之前，藉魔法語句喚回適當的擺盪，以維持理想姿勢是相當重要的。

**唸完❶～❿句魔法語句只要一分鐘左右**，所以只要把握時間空檔或是在做事情時順便唸一下，就能夠隨時維持理想姿勢。

舉例來說，早上起床淋浴時、去拿報紙時，或是做早餐在等加熱的期間都能夠隨口唸出魔法語句。

出門前往最近的車站或停車場時，無論是步行或搭車都很適合，此外在上班、家事途中去上廁所時也不妨唸個幾次。

午休時前往便利商店或餐廳的路上，或是下班回家途中、晚上泡澡時都可以。

我們的人生就像這樣，隨時隨地能夠找到可用的一分鐘。所以請隨時隨地誦唸魔法語句，讓身心處於適度的擺盪，也幫助身體熟記擺盪的感覺。

當然未必要十個都唸出來，挑幾句喜歡的或是覺得適合當下的也無妨，關於這一點後續也將進一步說明。

## 一瞬間就完成！挑一句喜歡的魔法，緊急時刻重啟開機

多次唸出這十句魔法語句後，或許會找到特別偏好的句子。

我個人最喜歡的是❷「脊椎如鎖鏈般擺盪」。每當心緒不穩、紊亂的時候，我都會誦唸這句魔法語句撫平內心。順道一提，內人最喜歡的是❺「雙肩如同阿爾卑斯山上的冰雪在春天融解般逐漸散開」。

這邊想告訴各位的，是最佳魔法語句因人而異。

對你來說最棒的語句，不見得也是其他人的最愛。

天生的骨骼與體型同樣因人而異，生長環境、身心養成的習慣、容易造成姿勢不佳的情境，甚至是容易變差的姿勢都因人而異。

「這句帶來的效果特別舒服。」

「這句讓我輕鬆許多。」

「這句簡直是為我量身打造。」

會讓各位浮現如此想法的魔法語句是哪句呢？

請試著列出前三名吧。

## ❖我最喜歡的魔法語句

| 第一名 | 第二名 | 第三名 |
| --- | --- | --- |
| | | |

只唸第一名的語句時，約只需要六秒，就算要唸完前三名，也頂多花十八秒。

所以先決定好「在重要時刻用來穩定身心的魔法語句」時，無論面對什麼樣的危機，都能夠立即實現。

有些人的骨盆一帶容易因為緊張而硬梆梆的，這類型的人就很適合魔法語句8「骨盆就是紅酒杯的底部，總是靜靜地搖晃著」。

表情特別嚴肅的人，只要唸出魔法語句1「小船靜靜在頭部裡擺盪」，頭部與臉部肌肉就會變得柔軟，或許就能夠喚回柔和的笑容。

**痛苦時、處境緊迫時、心情混亂時……，就請唸出自己的最佳魔法語句吧。**這麼做肯定能夠將危機化為轉機的。

當然，直接唸出當下想到的魔法語句也沒問題。

就算只有身體一部分也好，只要能夠稍微喚回適度的擺盪狀態，讓身心慢慢放鬆，就能夠找到脫離惡劣處境的線索。

心情稍微平靜下來後，也請勤加誦唸魔法語句恢復身心吧。

## 只要12秒！解放「姿勢關鍵」的兩大魔法語句

無法決定自己最喜歡哪句時，這邊會推薦下列兩句。

- **魔法語句❶：小船靜靜在頭部裡擺盪。**
- **魔法語句❷：脊椎如鎖鏈般擺盪。**

這兩句話能夠直接解放「姿勢關鍵」，也就是連接頭部與脊椎的寰枕關節。唯有脊椎與頭部都能靈活運作，我們才能夠獲得真正良好的姿勢，兼顧輕鬆、舒適與優美。

沒有時間或閒情逸致唸出所有魔法語句時，或是不知道該唸哪幾句時，只要選擇這兩句基本上就不會出錯。這可是非常優秀的必備魔法語句。

## 啟動「姿勢維持裝置」——呼吸

這邊要極力推薦的另外一句魔法語句如下：

**・魔法語句⑩：藉吐氣鬆開身體，藉吸氣拉直脊椎。**

這句話能夠為我們重啟呼吸的「姿勢維持功能」。

藉吐氣讓肌肉逐漸「放鬆」，藉吸氣讓脊椎逐漸「確實」立起並伸直。

只要掌握放任身體隨著呼吸擺盪的感覺，姿勢就愈不容易變差，所以請試著從日常生活開始留意呼吸的擺盪吧。熟悉後不必唸出魔法語句，只要用心留意即可。

由於魔法語句⑩是能夠同時實現「放鬆」與「確實支撐」的萬能靈藥型語句，所以到了①～⑨都有一定熟練程度的階段，就以魔法語句⑩為主吧。

「最近好像累積了很多疲勞～」
「總覺得好不安、壓力好大啊！」
「我想早點改善姿勢！」

本書要向有如此想法的各位，推薦102頁介紹的「鞠躬式呼吸」。

姿勢方面的壞習慣已經根深蒂固時，「鞠躬式呼吸」就是有助於根除壞習慣的最佳運動，請各位務必活用。

# 不同情境下的魔法語句活用法

學會為自己挑選最適合的魔法語句後，接下來要介紹不同狀況下的活用法。

任誰都會有身心紊亂的時刻，這時會感到緊張、不安、煩躁或憤怒等，結果身體會變得僵硬，姿勢也很容易變差。

這種「關鍵時刻」更是應該藉由魔法語句緩解身體的僵硬，幫助自己放鬆下來。

接下來將列舉數個例子，請各位務必實踐看看。

## 1 超緊張的簡報或面試前夕，也能立刻冷靜下來

緩解緊張可以說是「魔法語句」最拿手的技巧。

舉例來說，重要簡報即將來臨時，心情肯定會緊張萬分吧？

「怎、怎麼辦……我能夠毫無失誤地完成嗎？」內心不安或焦慮的同時，身體會變得僵硬、雙手會發抖，聲音也會特別高昂。

這時只要唸出魔法語句，喚回適當的擺盪，就能迅速撫平緊張，逐漸平靜下來。

接著只要事前決定好要在簡報過程中使用的魔法語句，就可以利用簡報的空檔一步一步幫助自己保持鎮定。

想要消除緊張與僵硬，喚回「平常心」時，魔法語句可以說是再適合不過了。此

外，姿勢也會瞬間變得更優美，想必也能夠在他人眼裡留下良好的印象。所以面臨重要的面試或考試前也務必運用魔法語句。

緊張得手足無措時，呼吸會變得緊迫，雙腿也會猶如灌了鉛一般沉重，這時非常建議各位藉由魔法語句調整身心狀態。

**推薦魔法語句：❻、❾**

## 2 焦慮煩躁時，很快便能恢復平靜

在超市排隊結帳，卻因為隊伍無法前進而心情煩躁時，就試著唸出魔法語句吧。在這種時間相當寬裕的等待期間，最適合將❶～❿全部唸過一遍。同時鬆緩身心之後，煩躁感就會瞬間消失。

其他像是挨主管罵後沮喪時、和戀人或另一半吵架不開心時、工作接連出問題感到喪氣時……，只要唸出魔法語句，就能夠平靜許多，找回平常的自己。

情緒發展到焦躁或憤怒的狀態時，肩膀會不由自主聳起，腹部也會產生苦悶感，所以會建議選擇有助於鬆緩這幾處的魔法語句。

**推薦魔法語句：5、8**

## 3 快要壓垮自己的不安或悔恨，一口氣切割掉

一想到未來就憂慮到失眠，滿腦不斷浮現過去的失敗……。快要被不安或悔恨壓垮時，魔法語句能幫助我們切割負面情緒，堪稱是「活在當下」的理論。

將注意力放在擺盪狀態、身體以及呼吸時，占據整個腦袋的未來與過去就會逐漸遠去，讓人回到「當下」。

因為擺盪狀態、身體與呼吸總是陪伴在「當下」的自己身邊，唯有每天都確實地

站在當下，才能夠回復最原本、最自然的自己。而這一點也將在後面詳細說明。不安與悔恨會讓身體縮起，產生往內側擠壓的力量，因此這邊推薦能夠幫助身體自然展開的魔法語句。

**推薦魔法語句：7、10**

## 4 快要爆發的怒火，即刻撫平

主管硬把責任推到自己身上而怒不可遏、部下速度太慢令人耐心用罄、快和另一半吵起來、看到社群的誹謗言論而怒火湧上……，這時試著唸出魔法語句如何？畢竟都不是什麼有閒情逸致的情況，所以建議唸一句事前決定好的，或是當下立即想得出來的語句即可。如果能夠先離開現場的話，不妨去洗手間或戶外把1～10都唸一遍，或是僅唸出能夠直接解放姿勢關鍵的1、2也行。

其實魔法語句也很適合運用在憤怒管理上，不僅能夠用來收斂自己的怒氣，面對怒氣沖沖的對象時，也能夠藉此幫助自己冷靜應付。

藉由魔法語句避免身體緊繃時，有助於帶來「我隨時都能夠保持冷靜」的自信。

即使是一觸即發的緊張局面，也能夠遊刃有餘地「避免流於情緒化的爭執」。

怒氣快要爆發時上半身會抬起，雙腿也會有種虛浮感，所以這邊建議使用能夠幫助身心安定下來的魔法語句。

**推薦魔法語句：⑤、⑨**

像這樣學會在各種場合運用「魔法語句」的話，不僅姿勢會變得更理想，想必對未來的人生也會有帶來龐大的益處。

「我回過神時，發現放鬆對我來說已經是理所當然的事情了。」

請各位試著每天一點一滴地掌握適度擺盪的感覺，朝著如此目標邁進吧。

同時改善姿勢與身體不適！
特種物理治療師大橋SHIN

## 原本嚴重到幾乎不能走路的腰痛與駝背得到改善，重獲「普通的生活」

我患有嚴重的椎弓解離症（Spondylolysis）與脊椎滑脫症（Spondylolisthesis）。我是在國中時接受盲腸手術後，產生了嚴重的後遺症，結果無論是走路還是坐著都只能維持幾分鐘，就學期間只好在許多人的幫助，躺在教室後方聽課。

後來又過了二十年，我輾轉於各地醫院以求治癒，然而到哪兒都碰壁。我也曾造訪過東京的知名大學醫院，結果卻仍無法治好。正當我絕望得想放棄時，經由某人的介紹參加了大橋醫師的講座。

結果我的身體開始產生變化了。不僅身體變得輕盈許多，心靈還獲得了前所未有的安心感，腰部的疼痛與麻痺等症狀也逐漸有改善的跡象，一直很在意的駝背也變得不明顯了。原本沒有母親幫忙就什麼也做不了，現在卻能夠連續行走一個小時，甚至能夠自行開車出門。

現在的我已經能夠協助母親工作與家事，擁有與一般人無異的生活，這讓我對大橋醫師感激得無與倫比。

M小姐（42歲的行政人員）

第4章

# 解決百般困擾：令人開心的健康與美容效果

## 血液循環、自律神經、呼吸……

## 從頭到腳各就各位！

如前所述，我長年在診所服務，以「特種物理治療師」的身分協助許多罹患疑難雜症的病患恢復健康，我之所以能幫助這些連大學醫院都舉白旗投降的棘手病患，憑藉的是「亞歷山大技巧」、「物理治療」與「呼吸」這三大核心。

我後來離開診所開設了工作室，專為想改善姿勢或是從身體不適、疾病中解脫的人們舉辦了許多講座。

從無數經驗中深刻體會到**姿勢不佳正是造成諸多不適或疾病的根源**。要說我接觸過的患者中有八成的問題都源自於姿勢不佳也毫不誇張。

因為真的有許多患者在我的協助下調整姿勢後，身體不適與疾病就不藥而癒了。

這讓我深刻體會到，著眼於姿勢問題有助於剷除造成不適與疾病的根本原因了。

本章將介紹讓呼吸、姿勢與動作恢復到「原始狀態」後，能夠解決多少的困擾。

## 1 打造疲憊不留到隔日、不易疲憊的身體

駝背等不美觀的姿勢，同時也是「容易造成疲勞的姿勢」。

相信很多人對此心有戚戚焉吧？早上起床時是否覺得身體還很沉重，全身殘留著昨日的疲憊呢？是否覺得自己比同齡人更容易疲憊，疲憊也更難以消除呢？是否覺得每天臉上寫滿疲憊已經家常便飯了呢？

但是我遇過許多案例，這些疲勞都在姿勢改善後不翼而飛。

藉由魔法語句消除肌肉緊張與硬塊後，站立與行走等的姿勢與動作就輕盈許多。

再加上**姿勢改善後就不會壓迫肺部、肝臟、腸胃等，使內臟的血液循環變得更加流暢**，體內的能量代謝變好後，疲勞當然不容易殘留。

如此一來，身體就會變得不容易疲憊，今天的疲勞也不會再留到隔天了，想必早

上起床時能夠體驗到與以往完全不同的輕盈與清爽。

由於頭部與眼睛特別容易殘留疲勞感，所以這邊推薦的是可讓頭部與眼睛更清醒並加深呼吸的魔法語句。

**推薦魔法語句：1、3、10**

## 2 腰、肩、頸與膝蓋，各處關節問題都消失無蹤

腰痛、肩膀僵硬、頸部疼痛、膝蓋疼痛——追根究柢，要說這些關節問題都是

「姿勢惡化造成身體負重失衡」所致也不為過。

頭部或上半身往前傾時，重量就會壓在頸部、肩膀、腰部與膝蓋等關節上。

這些關節承受不住過重的負擔時，就會逐漸發出哀號似地產生疼痛。

改善姿勢有助於調整負重平衡，減輕對各關節的壓迫，進而消除腰痛、肩膀僵硬、頸部疼痛、膝蓋疼痛等問題。事實上我曾親眼目睹好幾次「透過改善姿勢從長年的關節疼痛中解放」的案例。

此外隨著關節的齒輪能夠在毫無痛楚的情況下正常運作，原本僵硬的動作也會變得更加流暢，於是能夠前往曾經無法前往的地方，或者是展開曾經放棄的挑戰。身體與關節能夠靈活行動後，人類的行動範圍自然會變廣，生活就會變得更加充實。

這裡推薦的是能夠調整荷重方式，讓身體變得輕盈的魔法語句。

**推薦魔法語句：4、5、8**

## 3 從憂鬱症或憂鬱傾向中明快解脫

不管是哪個年齡層的人，罹患憂鬱症或是有憂鬱傾向的人不斷增加。不曉得各位是否知道，其實**憂鬱症患者的身體都非常僵硬緊繃**。

乍看毫無生氣且虛脫無力的身體，其實正努力求救著。心靈與身體是表裡如一的，心靈受到憂鬱症等疾病摧殘時，都會坦率地透過身體緊繃表現出來。

反過來說，矯正姿勢與動作以解除身體的肌肉緊繃後，有助於減輕內心所承受的過度負擔與緊張，因此很多憂鬱症等心理疾病的症狀也會隨之緩和，許多面露愁容的患者回家時都會展露笑顏。

由此可知，改善身體緊繃也有助於對抗內心不適。

我還在診所服務的時期，就曾藉這種方式幫助許多憂鬱症患者逐步恢復。

很多患者即使沒有特別去諮商或是進行壓力方面的治療，就能夠在精神科或身心科醫師的確認下減少抗憂鬱症藥物的服用量，有些患者甚至還可以停藥並回歸職場。這些好轉往往令醫師們訝異詢問：「到底接受了什麼樣的治療呢？」心身症、焦慮症、攝食障礙等也與憂鬱症一樣，出現了不少透過解除身體緊繃後就成功改善的案例。

所以感到沮喪悲傷時，只要及早藉魔法語句解除身體緊繃，就能夠在程度尚輕的情況下跳脫如此情緒，避免深陷其中。

這裡推薦的是能夠針對身體深處，使其從緊縮的狀態逐漸釋放，讓身體各部位產生自然連鎖效應的魔法語句。

**推薦魔法語句：❷、❼、❿**

## 4 呼吸變得又深又慢，消除呼吸道的問題

姿勢變佳同時也意味著呼吸變輕鬆，不僅胸廓的空間變大，還能夠深深地吸入人

口空氣，使肺部伸展到充滿整個胸腔。

因為呼吸太淺而覺得呼吸困難或容易喘的人，藉由魔法語句改善姿勢後，呼吸肯定輕鬆得與以往有著天壤之別。

肺部能夠吸入大量的氧氣之後，即使為了趕公車而奔跑或是匆匆踏上車站階梯，也不容易喘得上氣不接下氣。

有氣喘等呼吸道疾病的人，也能藉此獲得莫大的助益。我在急救醫院服務的期間，曾經為呼吸機能衰退的病患調整姿勢，結果大幅提升了血氧濃度（身體能夠攝取多少氧氣的指標），連主治醫師都嚇了一跳。

這裡推薦的是能夠對屬於呼吸器官的口部、喉部與肺部帶來益處的魔法語句。

## 推薦魔法語句：4、6

## 5 穩定血壓，有助預防腦血管和心血管疾病

肌肉緊繃時會刺激交感神經，造成血管收縮、血壓上升，因此肌肉會在不知不覺間緊繃的人，容易有高血壓的問題。

另一方面，在消除肌肉緊繃的放鬆狀態下會刺激的是副交感神經，這時血管會擴張，血壓也會比較平穩。也就是說「消除身體在不知不覺間產生的緊繃」有助於降低血壓，避免高血壓的問題。

我還在診所服務的時期，就曾經用相同的方式幫助數不清的患者穩定了血壓。舉例來說，使原本「收縮壓一七〇，舒張壓一一〇」的高血壓狀態穩定至「收縮壓一二〇，舒張壓九〇」的情況並不罕見。此外有許多患者甚至在我的協助下，不必再服用降血壓的藥物了。

高血壓會造成動脈硬化、腦中風、腦梗塞、心肌梗塞等可怕的疾病。可是，藉魔法語句消除緊張，穩定日常血壓的話，就可望減輕罹患這些疾病的風險。

這邊推薦的是能夠加深呼吸的魔法語句。

**推薦魔法語句：6、10**

## 6 提升免疫力，降低傳染病的罹患風險

新冠肺炎（COVID-19）對現代人的生活帶來了沉重的打擊，恐怕全日本甚至全世界的人們都因此深切體會到提高免疫力的重要性了吧？

為了不露出讓病毒或病原菌入侵的破綻，我們必須讓呼吸、自律神經、血壓、血液循環與內分泌等保持正常運作。唯有穩定身體的基本功能，免疫功能才能夠完美發揮實力，擊退病毒與病原菌等。

藉由魔法語句，使姿勢兼顧「放鬆」與「確實支撐」，血液與淋巴循環會更加流暢，進而改善身體的代謝功能，就很有可能提升身體對抗傳染病的防禦能力。

由於口腔與呼吸器官是細菌侵襲的入口，所以推薦的是專攻這兩處的魔法語句。

**推薦魔法語句：4、6**

## 7 改善頭痛、便祕、手腳冰冷、肌膚粗糙、水腫等不適

駝背等不佳的姿勢很容易造成各種的不適，以及許多找不到原因的細微症狀。

舉例來說，緊張型頭痛的主要原因是頭部往前傾，使頸部後側肌肉緊繃所致。而姿勢惡化造成的肌肉緊繃，還會演變成肩膀、背部與腰部等處產生硬塊，且硬塊周邊也會跟著失去彈性。

此外想吐、食慾不振與便祕等腸胃不適，也很有可能是姿勢不佳而壓迫到內臟所致。手腳冰涼、水腫、肌膚粗糙等問題，則可能是肌肉緊繃造成血管收縮，導致末梢血液循環不良所致。

自律神經失衡則會讓人對疼痛更加敏感，使這些身體不適或不知名症狀變得更加嚴重。

自律神經沒有正常運作時，使身心陷入無法自制的狀態，進而演變成許多不適與症狀的「自律神經失調」是相當常見的疾病。

這邊想請各位特別留意的，是平常一直維持在肌肉緊繃的狀態時，自律神經就特別容易失衡。

自律神經分成「緊張模式的交感神經」與「放鬆模式的副交感神經」，只要讓兩者均衡運作即可維持健康，然而現代生活充斥著壓力與造成緊張的狀況，實在很難一直維持自律神經均衡運作的狀態。

如果身心受到職場、家事、育兒或人際關係等影響，一直維持在緊張狀態時，自律神經也會一直偏向緊張模式的交感神經。相信本書的讀者當中有許多人都過著「整天很緊繃」的生活，長期維持如此狀態時，自律神經遲早會發出哀號，進而演變成各方面的身心不適。

但是只要每天誦唸魔法語句，緩解當下的身心緊張，整頓紊亂的自律神經，就能夠預防不適的發生。

而肩膀與頸部這一塊與骨盆的血液循環與淋巴循環特別容易停滯，所以這邊推薦的是能夠改善循環的魔法語句。

**推薦魔法語句：⑤、⑦**

## 8　圓滾滾的小腹也慢慢縮小了

姿勢不佳其實也會對「腹部的突出程度」產生相當大的影響。

駝背時的頭部與上半身都會往前挺出，造成全身負重失衡，使「用力的肌肉部位（＝肩膀或背部等）」與「沒用力的肌肉部位（＝腹部等）」壁壘分明。

「沒用力的肌肉部位（＝腹部等）」會使肌肉愈來愈鬆弛，隨著年齡增長逐漸變成「明顯突出的小腹」。

藉魔法語句改善姿勢有助於整頓全身負重平衡，使腹部、臀部與大腿等「本該用力的肌肉」都確實用力，如此一來，腹部與臀部等部位也會自然變得緊實。

肌肉變緊實後身體線條會更加俐落，使身材看起來更加苗條優美。

此外藉由改善姿勢讓身心從緊張與壓力中解脫時，自然能夠減少暴飲暴食的問題，有助於將食量控制在正常狀態，加上身體能夠流暢運作時就會更願意運動，運動量自然會大增。

光是改善姿勢就能夠讓體重與身材逐漸接近「原本應有的最佳狀態」。這裡推薦的是能夠促使深層肌肉運作，讓身體從內到外更加健康的魔法語句。

**推薦魔法語句：❷、❼**

## 9 獲得自然美，全身散發年輕感

女性光是改善姿勢，就能夠展現出判若兩人的美麗。

男性也能夠更加容光煥發吧？就像快枯萎的植物補充養分後精神抖擻立起一樣，藉由改善姿勢喚回優美的身體線條。

姿勢變佳後當然會更加有自信，行動時的態度更加落落大方，全身上下散發出凜然的氣息。從椅子上站起或是打招呼等日常行動變得乾脆俐落後，整個人看起來就會年輕許多。

此外，皮膚與頭髮也會變得更加有光澤彈性，因為姿勢與呼吸都經過整頓時能夠促進血液循環，讓新鮮的氧氣與營養得以傳送到身體各個角落，如此一來，皮膚就會充滿光采，頭髮也會變得更加豐沛，讓人猶如回春一般。

自律神經與荷爾蒙的運作也會隨著姿勢改善變得更加均衡，所以皺紋、皮膚暗沉、粗糙、鬆弛等美容方面的問題當然也會跟著消失。

此外，也別錯過表情與氣質上的變化。

非常多人藉由姿勢改善消除身心緊張後，表情就變得更加沉穩、溫柔，因此臉部肌肉緊繃時會特別明顯的「法令紋」也會沒那麼明顯。

煩躁時會不由自主皺起眉頭，露出嚴肅的表情，但是當身心緊繃獲得緩解後，表情會柔和許多，整個人也會散發出「從容」的氛圍。我認為自然美感與年輕感其實就源自於這份「從容」。

姿勢的改善就像這樣會對各方面產生影響，進而拉抬美容與健康的力量，因此很多患者都在改善姿勢後變得更美更年輕了。

這邊推薦的魔法語句則按照煩惱的部位稍有不同。

**推薦魔法語句：臉部1、3、4／體型6、7／水腫8、9、10**

改善姿勢就像這樣能夠帶來各式各樣「令人開心的變化」，所以請各位務必親身體驗如此驚人的效果。

接下來最終章作為本書的「總結」，將談談個人對姿勢與呼吸的看法。

同時改善姿勢與身體不適！
特種物理治療師大橋SHIN

## 看到女性患者模樣逐漸變美，嚇了我一大跳！

我是曾聘用大橋醫師的診所院長，這邊想介紹大橋醫師以「特種物理治療師」身分在敝院服務期間發生的一些軼事。

首先令我感到非常驚訝的，就是許多棘手病患只要交給大橋醫師，就能夠陸陸續續獲得改善一事。我是骨科的專科醫師，連我這個專家都無能為力的腰痛問題，竟然都在大橋醫師的巧手下恢復正常，甚至連背部嚴重彎曲的病患都治癒了。

其中甚至有無法走路的患者，沒有經過任何鍛鍊就康復了。此外抗憂鬱症藥物的停藥對精神科醫師來說是一大難題，但是大橋醫生竟然也輕而易舉實現了。

但是最令我驚訝的，其實是接受大橋醫師協助的女性患者們都變美了。每位患者的姿勢變好看之後，表情都充滿了自信與尊嚴。

我相信大橋醫師獨特的復健方法，肯定造成了身體內側的變化，絕對不只有表面上的變化而已，所以希望大橋醫師能夠為了世界上為姿勢所困擾的女性繼續活躍於這個領域。

市橋研一醫師（市橋診所院長）

第5章

# 避免身體緊繃的不努力生存法

## 日復一日的假笑，是否令你忘記了發自內心的笑容呢？

各位是否曾經面露過「假笑」呢？是否有過在心情很消沉時強顏歡笑，結果眼角或嘴角一帶不由得顫抖的經驗呢？

我有一個今年六歲的兒子，並且和世界上的父親們一樣，總是卯起來為兒子拍照。在拍照過程中，我注意到了一件事情。

那就是我在兒子出生至一歲半左右的時候，都能夠順利拍到天真爛漫的笑容，裡面毫無一絲陰影。因為孩子在嬰兒時期毫不在乎周遭人的反應與評價，對雙親展現的都是自然的「真正笑容」。

然而在即將迎來兩歲時，牙牙學語的孩子進入了「不要不要期」，會為了向父母表達自己不喜歡的事物不斷增加表達方式。孩子們會在說話的同時搭配各式各樣的行為，透過反覆的成功與失敗學習該怎麼做才能實現願望。

接著會在三歲左右開始懂得「假笑」，如嬰兒時期的「真正笑容」也愈來愈少。到了五、六歲的時候，甚至會在面對鏡頭的瞬間擺好姿勢，並且露出很適合拍照的笑容，只有在「第一次抓到蝴蝶」、「第一次釣到魚」等真正開心的時刻，才會露出「真正笑容」。

我看著兒子的笑臉變化，不禁思考：「原來人類的肌肉緊繃就是像這樣隨著成長逐漸覆蓋至全身的。」

駝背等姿勢也與笑容的演變相同，沒有人一出生就是駝背。只是成長過程中在社會上歷經了許多「思考」與「話語」，身體在一次次得失評估與壓力中，逐漸被緊繃的肌肉給束縛住。然後在某天習慣了肌肉緊繃的狀態，身體的負重失衡又導致姿勢進一步惡化，儼然就像已經將「原本應有的自然姿勢」徹底忘卻一樣。

但是即使「思考」與「話語」會造成肌肉緊繃與駝背，我們也不可能因此放棄思考與對話。

很多人一不小心就會開始思索起「沒必要的事情」、放空時腦袋會不由自主浮現「討厭的事情」，結果滿腦子都是圍繞著這類事情的負面想法。

這些「沒必要的事情」會對我們的身心造成細微的影響，進而引發「沒必要的肌肉緊繃」。經年累月的肌肉緊繃會在不知不覺間變成一條「看不見的緊繃繩子」，牢牢地綁縛著我們的身體。

## 斬斷沒必要的思緒，著眼於「當下」

個人認為這種沒必要、卻總會在不知不覺間占據我們腦海的思緒，大致可以分成四種類型。

第一種是「過去的事情」。

也就是想起過去的失敗、丟臉事蹟或痛苦的經驗，結果深陷「為什麼當時要這麼做」、「如果當時有這麼做就好了、早知道就那樣了」這類充滿後悔與自責的負面情緒中。已經發生的事情是無法改變的，所以才會被我歸類為「沒必要的思緒」。

第二種是「未來的事情」。

想像著黯淡無光的未來，滿心不安與擔憂的模式。「如果公司因為新冠肺炎而倒閉怎麼辦？」「要是生重病導致無法工作怎麼辦？」擔心這些連跡象都還未顯露的未來是沒有用的，但是一旦被「沒必要的思緒」困住時，就會忍不住衍生出更多可怕的想像。

第三種是「與自己有關的事情」。

「為什麼我總是這樣呢？」「我就覺得自己辦不到。」這是種被自卑與自責逼迫的模式，即使遇到的問題在旁人眼裡沒什麼大不了，仍會滿心自卑與糾結，轉眼間就滿腦子都是這類「沒必要的思緒」。

第四種是「別人的事情」。

「為什麼部長老是針對我？」「他肯定對我抱持著敵意。」像這樣滿腦子都是與他人有關的小劇場的模式。然而我們改變不了他人的言行，卻放任「沒必要的思緒」導致對他人敵意高漲，只會反過來將自己逼到更不利的立場而已。

相反的，有時會因為對他人境遇感到羨慕或嫉妒，讓心情變得紊亂對吧？

這些「沒必要的思緒」會帶來「沒必要的肌肉緊繃」，想要從中解脫，就只有一個方法。

那就是將身體交給自然的擺盪狀態。

感到不安或是壓力大時，就唸出魔法語句以感受最自然的擺盪狀態。無論是身體多麼緊繃僵硬的人，只要反覆這麼做就能夠緩解緊張，喚回「最自然的原始狀態」。

儘管如此仍無法壓抑「沒必要的思緒」時，就試著聆聽自己的呼吸聲吧。

呼吸總是處於「當下」，無論在什麼情況下，都會與自己片刻不分離，是與我們密不可分的存在。

所以我們可以藉由呼吸回到「當下」，而不是繼續沉浸於「過去」、「未來」、「自己」與「他人」當中。

**無論身心多麼混亂，只要仔細聆聽氣息的進出，呼吸與擺盪就會為我們證明「自己正活在現在、這一瞬間、這個地方」。**

實際情況就如下一頁的圖示一樣，無論何時都會位在正中間的，就是處於「當下」的呼吸。

像上下左右這樣遭「四大沒必要的思緒」困住時，就回到正中央的「當下」，身心就能夠回到最「最自然的原始狀態」。

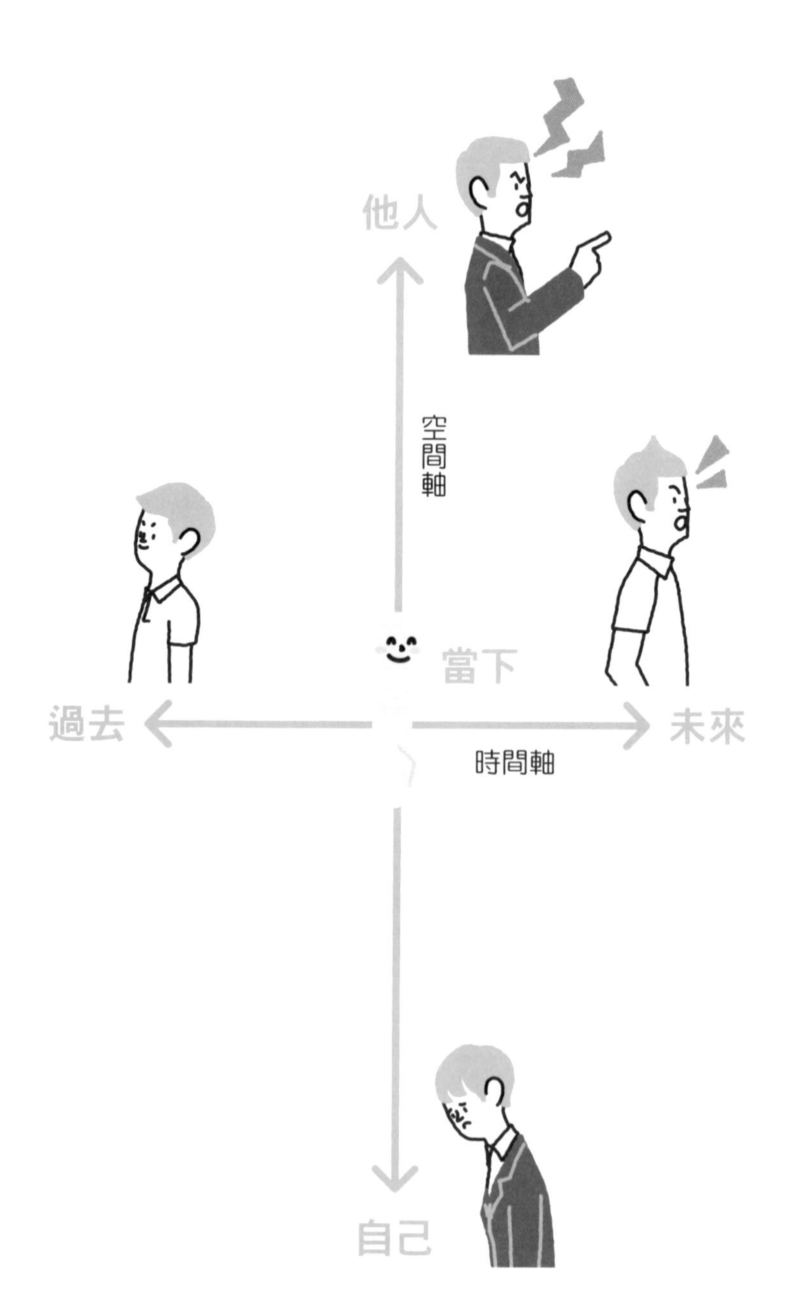
他人
空間軸
當下
過去
未來
時間軸
自己

## 著眼於輕鬆與舒適，而非講究「正確」

我們平常認為「正確」的事物，很多時候反而會成為一種束縛。

其中最具代表性的就是會讓肌肉變硬的「立正」姿勢。我們的日常生活中其實就像這樣，一直認為「正確」而堅持至今的事物卻潛藏著陷阱。

但是**到底何謂「正確」呢**？

大部分的人從小就接受「要以正確的方法做正確的事情」之類的教育。

然而對此深信不疑的話，若原以為的「正確」其實是誤解的話，就可能會演變成「無法恢復」、「無法挽回」的嚴重事態。

再加上現代資訊過於繁雜，市面上充斥著許多看似正確的假消息，讓人逐漸難以分辨真偽。

「要找到正確的地方才行」、「需要某人提供正確答案」這些想法其實不切實際。所謂的正確，會隨著時空與地點改變，也會隨著時代而異。這個社會曾經很重視「緊密的交流」，然而在新冠肺炎的威脅下人們則開始保持距離——我想這就是一個非常貼切的案例。

因此我認為沒必要太過執著「正確」。試著將「正確」的框架硬套用在自己身上，只會讓焦急與緊繃化為繩索讓自己綁手綁腳，反而與理想漸行漸遠。

那麼到底該怎麼做才好呢？

我認為應追求的是「輕鬆」、「舒適」、「自然」等感官上的品質而非「正確」。

也就是說，想要找出某種答案時，先傾聽自己的呼吸與身體發出的聲音，為自己選擇較舒適、自然且輕鬆的道路吧。事實上我們「應追求的事物」就藏在自己的身體內。

身體其實比各位認為的還要全知。

因此與其用腦袋卯起來想東想西，不如傾聽身體的聲音，前往身體認為「比較輕鬆舒適」的方向，這麼做通常能夠獲得更順利的結果。

如此一來，身體自然展現出的姿勢就不會只圖「確實」而犧牲了「放鬆」。

以我來說，迷惘時不會只顧著思考「選擇哪一條路比較正確」、「哪一條路比較有利」，而是會以呼吸與身體發出的聲音為主。即使站在人生的重大交叉路口，我仍會先藉魔法語句或是使用「鞠躬式呼吸」撫平內心，聽從自己的呼吸與身體選擇攸關未來的道路。

總而言之，不必那麼在意「正確」也無妨，每一個人應該都要活得更輕鬆、更自然一點。

不要思考沒必要的事情，將身體交給呼吸與身體的擺盪，坦率前往似乎正對著自己招手表達歡迎的路線，如此一來，眼前的道路自然會變得開闊。

每天接觸了許多人的身體，總是讓我浮現起如此想法——

「人體隨時保持流動的狀態，果然比僵硬緊繃的狀態自然多了。」

身患疑難雜症的患者肌肉往往都會像冰山一樣又硬又冷。

但是慢慢鬆開肌肉之後，僵硬的冰塊就會逐漸融化，讓身體各處都像流淌著溫暖小河。通常到這個地步時，身體也會逐漸邁向恢復。

我不希望閱讀本書的各位經歷像那些患者般的痛苦回憶。

所以希望各位可以避免身體變得僵硬，身體應該要「隨時維持流動的狀態」而非硬梆梆的。

那麼該怎麼做才能夠「隨時維持流動的狀態」呢？

想實現這個狀態，適度的擺盪就非常重要。

魔法語句也好，鞠躬式呼吸也好，都是避免「流動」與擺盪停止的理論。

這兩者能夠幫助各位喚醒身體中的擺盪，有如漂蕩在水面上的小船、水流、撫過樹葉的風……，進而讓身體恢復成最自然的流動狀態。

別再滿腦子沒必要的思緒，讓身體追隨著永不止息、不會僵硬的自然流動，這股流動自然會將各位帶往更理想的場所。那裡不必勉強自己去努力，也能以最真實的自己活下去。

各位肯定會在那裡遇見「最原始自然的自我」，找到能夠做自己的幸福人生。

若本書能夠成為各位的助力，我身為作者將會感到無比喜悅。

# 後記

「我覺得好痛苦，不想再繼續彈管風琴了。」

某天，有位女性對我說道。她來找我，是為了治療導致手腕硬直的煎熬疼痛。然而在她每週前來復健一段時間，就在半年後成功圓夢——在法國盧爾德一間名列世界遺產的教堂內演奏管風琴。

她來告訴我這個消息時，姿勢猶如高雅的百合般優美，全身散發著光輝。這裡談的不僅是外表，還包括她整個人的形象。相信她現在肯定也還在所屬的教會裡繼續彈著管風琴吧。

我長年接觸了許多求醫碰壁的患者。人們因為各種形形色色的理由，來到我面前並向我吐露心聲，他們已經不指望從醫療或是我的手中獲得救贖了。

我將雙手擺在這些人的身上，傾聽著身體的聲音，總會發現身體其實有很多話想說，所以才會總是以「肌肉緊繃」的模樣表現出來。
我聽見身體的心願後就盡我所能協助，如同對著害怕得不敢睜開眼的孩子安撫道：「別擔心，睜開眼睛看看吧，我會陪著你的。」
只要身體明白自己有權自由自在，自然就會朝著天空延伸，並且如花朵般綻放。其他人看到患者如此這般變化，都會不禁稱讚：「姿勢變漂亮了。」

坦白說，我認為沒必要執著於姿勢。
只要從緊繃中解放，身體自然會朝著期望的方向發展，進而形成理想的姿勢。人類是種只要達成特定條件就能自行變美的生物，關鍵就在於從頭腦的支配下解放身體，不再對身體下達「必須這樣」、「這樣不行」這類命令。本書想為各位提供的，就是解放身體的靈感，若能因此為各位的人生帶來幫助，我將深感榮幸。

大橋SHIN

# 10個魔法語句，1分鐘使姿勢變更美！



出　　版／楓葉社文化事業有限公司
地　　址／新北市板橋區信義路163巷3號10樓
郵政劃撥／19907596　楓書坊文化出版社
網　　址／www.maplebook.com.tw
電　　話／02-2957-6096
傳　　真／02-2957-6435
作　　者／大橋SHIN
翻　　譯／黃筱涵
責任編輯／江婉瑄
內文排版／謝政龍
港澳經銷／泛華發行代理有限公司
定　　價／320元
初版日期／2022年9月

國家圖書館出版品預行編目資料

10個魔法語句，1分鐘使姿勢變更美！ / 大橋SHIN作；黃筱涵譯. -- 初版. -- 新北市：楓葉社文化事業有限公司, 2022.09　面；　公分

ISBN 978-986-370-449-2（平裝）

1. 姿勢 2. 儀容 3. 生活指導

425.8　　111010540